包装设计

刘曼曼 刘丽坤 著

中国传媒大学出版社
· 北京 ·

图书在版编目(CIP)数据

包装设计 / 刘曼曼，刘丽坤著 . — 北京 ：中国传媒大学出版社，2022.4

ISBN 978-7-5657-3130-3

Ⅰ . ①包… Ⅱ . ①刘… ②刘… Ⅲ . ①包装设计—高等学校—教材 Ⅳ . ① TB482

中国版本图书馆 CIP 数据核字（2021）第 274305 号

包装设计

BAOZHUANG SHEJI

著　　者	刘曼曼　刘丽坤
策划编辑	黄松毅
责任编辑	黄松毅
特约编辑	李　婷
封面设计	拓美设计
责任印制	阳金洲

出版发行	中国传媒大学出版社		
社　　址	北京市朝阳区定福庄东街 1 号	**邮　　编**	100024
电　　话	86-10-65450528　65450532	**传　　真**	65779405
网　　址	http://cucp.cuc.edu.cn		
经　　销	全国新华书店		

印　　刷	北京中科印刷有限公司
开　　本	787mm × 1092mm　1/16
印　　张	12.75
字　　数	242 千字
版　　次	2022 年 4 月第 1 版
印　　次	2022 年 4 月第 1 次印刷

书　　号	ISBN978-7-5657-3130-3/TB · 3130	**定　　价**	79.80 元

本社法律顾问：北京李伟斌律师事务所　郭建平

作者简介

刘曼曼

女，硕士研究生，副教授。现任河北传媒学院美术与设计学院专业教师，中国流行色协会会员，高级色彩搭配师，河北青年美术家协会会员。专注于视觉传达设计的研究与实践，从事设计与设计教育工作十余年，主要讲授“包装设计”“品牌设计”“设计课题实践”等课程，擅长插画、包装设计、品牌形象设计等方面的创作，有多年与企业合作的实践经验，多次在专业设计竞赛中获奖。

刘丽坤

女，毕业于景德镇陶瓷大学设计艺术学专业，硕士研究生，副教授，中国陶瓷协会会员，河北古陶瓷协会会员，河北青年美术家协会会员。现就职于河北传媒学院美术与设计学院，主讲“包装设计”“书籍设计”“标志设计”等课程，擅长包装设计、陶瓷艺术创作，具有丰富的设计实践与设计教学经验。

前言 Preface

包装设计是自然科学与美学的结合，在商品的流通与销售过程中承担着保护商品、美化商品、促进商品销售、便于消费者使用等重要责任，将科技、审美、艺术、创意等诸多因素集于一身，是现代商业社会中应用非常广泛的设计形式之一。

本书各章节分别对包装设计的知识进行系统的解析，将各知识点分解到实训项目中，增强各知识点之间的连续性，并加入相关设计案例进行分析，帮助学习者更加直观和深入地理解知识内容。书中根据包装设计行业的特点与要求，并结合专业教学的目的，将内容分为包装设计概述、包装容器造型设计与实训、包装纸盒结构设计与实训、包装设计的视觉表现与实训、包装设计综合设计与实训、包装设计案例欣赏六部分，以理论讲解与实训项目相结合的形式，首先对包装设计的基本概念、文化背景、功能分类以及构思定位进行分析；其次以实训项目的形式引入包装容器造型、包装盒结构设计的实训，并深入解析包装设计中的文字、图形、色彩、构图等视觉要素及其设计方法，再以实训方式加以强化；再次，对包装设计的思路定位以及创意表现形式进行深入剖析，结合包装综合设计实训引导学习者进行创作；最后，以大量优秀设计案例开阔学习者的创作思路，激发学习者的创作灵感。

本书的内容注重理论与实训的结合，对理论知识进行系统讲述的同时，也非常注重对学习者实践能力与创造性思维的培养，帮助学习者理解包装设计的基本原理，以及包装与商业销售的关系；对包装的容器造型与结构进行创作；学习包装设计各视觉要素的创意表现方法并掌握包装设计及其相关行业发展的最新方向与设计理念；获得包装设计综合创意表现的能力。

希望本书的内容对学习者具有指导与启发作用，使学习者能将商品包装设计的基础知识和设计技能相融会贯通，灵活应用于设计中，创作出兼具美观与实用、创意与个性，同时具有审美价值且符合可持续发展设计观念的优秀包装设计作品。

目录
Contents

chapter

01 第一章 包装设计概述

英国梅道博公司的经理德里克·胡劳在谈到包装时曾说："在大多数情况下，包装和所包装的商品已经很难区分。"这句话很形象地概括了包装在现代商业环境中的地位——商品与包装已经融为一体。

包装的功能从最初单纯保护商品变成了与商品自身融为一体，成为商品的一部分。包装设计的艺术性和美感，能够在很大程度上提升商品自身的形象，体现品牌的文化优势，所以其地位在当今越来越受到重视。包装设计对于品牌来说，是销售环境中的一个重要环节，美国当代设计大师沃尔特·兰德曾说："在美国几乎没有产品未经包装就可以推销到消费者手中。"可见其重要性。因此越来越多的品牌不惜重金打造产品的包装，期待在日后得到丰厚的经济回报；相应的，如果包装达不到市场的要求（审美、技术、功能、材料），则会成为阻碍销售的因素。为此，众多出色的设计师投身包装设计领域中，使包装设计的水平从艺术性、功能结构、设计理念、材料运用、创意表现等方面不断提升，使包装行业得以不断发展。（图1-1）

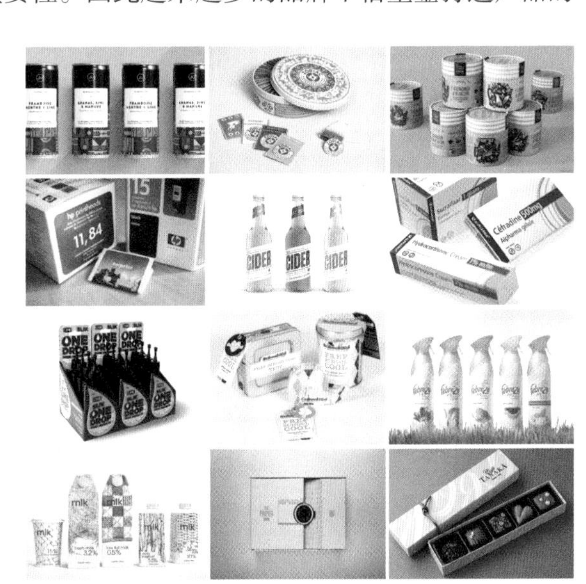

图1-1　丰富多样的现代包装设计

一、包装设计的概念

（一）什么是包装

包装是为商品服务的，它与一般物品容器的区别体现在其从属性和商品性上。在现代社会中，包装与商品已经融为一体。从社会整体角度来看，商品包装的发展将产生良好的经济效益和社会效益，它从一个侧面反映了国家的物质文明和精神文明发展水平。包装是商品的附属品，是实现商品价值和使用价值的一个重要手段。

包装的基本职能是保护商品和促进商品销售。世界各国对包装所作的定义，都是围绕着包装的基本职能来论述的。例如美国将包装定义为，“为产品的运出和销售的准备行为”。英国对包装的定义为，“包装是为货物的运输和销售所做的艺术、科学和技术上的准备工作”。日本将包装定义为，“包装是使用适当的材料、容器而施以技术，使产品安全到达目的地，即产品在运输和保管过程中能保护其内容物及维护产品的价值”。

我国将包装定义为，“为在流通过程中保护产品、方便储运、促进销售，按一定技术方法而采用的容器、材料及辅助物等的总体名称。也指为了达到上述目的而采用容器、材料和辅助物的过程中施加一定技术方法等的操作活动”。

（二）什么是包装设计

包装设计就是根据产品对包装的目的和要求，为其进行包装材料、包装造型、包装结构和视觉传达等综合的完整合理的专门设计，并且在产品的包装物上按产品的特性设计，对其进行一定的文字设计、图案设计、色彩设计、编排设计等，用以保护产品、美化产品、宣传产品、促进产品销售的一种形式。（图1–2）

图1–2　包装设计将文字、图形、色彩等视觉元素进行组合，起到美化、宣传、促销商品的作用

二、包装设计的历史进程与发展趋势

（一）包装设计的历史进程

1. 包装的最初形态——早期包装

自从人类开始从事生产劳动，产出自己的产品时，就有了包装。最初的包装无疑是为了保护产品、便于储藏和携带而出现的，例如早期的陶器、青铜器等容器。

从今天对包装概念的理解来说，容器并不能算作真正意义上的包装，但它具备了包装的一些基本功能，如保护内容物，方便使用和携带等。容器的发展历史相当悠久，它对包装的产生也起到了促进的作用。我国古代劳动人民用智慧和辛劳创造出各式各样形态优美的容器，在材料上进行了各种尝试，兼具造型美感与实用功能。（图1–3、图1–4）

图1-3　古代木质收纳盒

图1-4　青铜器容器

（1）陶器

我国的陶器起源很早，如1962年在江西万年县仙人洞出土了距今八千多年前的陶器。早在新石器时代晚期，人类制陶技术已经发展到较高的水平，人们开始用天然赤铁矿颜料、锰化物颜料在陶器上绘制装饰纹样，烧制成精美的彩陶。彩陶装饰纹样有人物、植物、动物、自然景观、抽象几何图形等。图案的造型手法简洁概括，富于韵律感，流畅刚健，装饰性强，充分反映了古代人类对造型语言和形式美的追求与探索。这类陶器在当时主要被用于存放水和食物，具有保鲜功能。（图1–5至图1–7）

图1-5　人类社会早期陶器

图1-6　人类社会早期彩陶

图1-7　古代埃及陶器

（2）青铜器

我国早在商代就已开始使用青铜器，以贵族阶级满足其奢华生活的各种用品和礼器为主（图1–8）。青铜器的造型丰富多样，仅作为容器出现的就可分为烹饪器、食器、酒器、水器等（图1–9）。其中用于储存食物和酒的容器开始被设计成容器与盖分离的形式，实现了容器的密封，达到了包装密封保存内容物的目的（图1–10、图1–11）。

图1-8　商代青铜礼器

图1-9　商代青铜器

图1-10　商代青铜酒器

图1-11　青铜器食盒“福寿双全”雕刻蝙蝠装饰

（3）漆器

我国是较早使用漆作为涂料进行容器制造的国家，这项工艺相传始于四千多年前的虞夏时代，而实际使用漆器的时间可能比传说还要早。商周时代，漆器工艺已具有了相当高的水平，多为黑色底，朱红花纹，上下交错，构成多种精美图案。在以后的历史发展中，漆器一直是中国传统工艺品中重要的类型之一，随着制作工艺水平的不断提升，漆器的制造更加绚丽丰富，成为历朝历代尤其是上流社会常见的容器形式（图1-12至图1-14）。

图1-12　清代漆器张成造栀子花剔朱盘

图1-13　汉代漆器食盒

图1-14　桃形漆器盒

在中国历代的人物画中常能看到漆器作为容器出现在人们的生活中，如化妆盒、食品盒等（图1-15）。漆器装饰风格甚至还对欧洲文化产生过影响。18世纪英国著名家具工艺家汤姆·齐皮特曾根据中国漆器的特点，设计出一种装饰风格独特的家具。这种风格的家具风靡一时，在家具史上被称为“齐皮特时代”装饰风格家具（图1-16）。

图1-15　漆器首饰盒

图1-16　“齐皮特时代”装饰风格家具

（4）瓷器

瓷器是中国最具代表性的工艺品之一。陶瓷作为一种容器，从古至今都具有极广泛的应用。战国时期经过了半瓷质陶器的过渡阶段，到了东汉时期，瓷质日趋纯正，瓷胎较细，釉色光亮，釉和胎的结合日渐完美（图1-17、图1-18）。直至今日，陶瓷除了工艺品、日用品以外，也是一种常用的具有民族传统风格的包装形式，如白酒、药品、保健品、化妆品等常采用瓷质作为包装材料。

除上述主要形式以外，金银器、石器、玉器、木器、玻璃、纺织品等都曾作为容器使用，不同程度地体现了包装的特点。金银器作为包装容器在中外历史上都有运用，由于其造价昂贵而无法得到普及。玉器也是造价较高的材料，容器的形式以酒器、茶具、祭祀品为主。木质材料是较为常见的传统包装材料，因其便于加工的特点以及突

图1-17　瓷器倒流壶

图1-18　青花五彩鱼藻纹盖罐

出的储物功能而成为较常见的容器类型，在现代包装设计中也常被用作礼品包装进行制作。玻璃作为容器最早出现在古埃及，早期作为极其昂贵稀少的材料仅用于盛放昂贵的香水和药品等，随着加工工艺的不断提升，材料造价不断降低，其加工工艺逐渐提升，使其在包装设计中得以普及（图1-19至图1-26）。

图1-19　景泰蓝容器

图1-20　金属容器

图1-21　明代玉质首饰盒

图1-22　明代玉质香料盒

图1-23 战国玉质茶叶容器

图1-24 檀木收纳容器

图1-25 玻璃容器

图1-26 各类材料的现代包装设计

2. 19世纪的包装设计

19世纪初期，真正意义的包装设计还未出现，厂商在销售商品时较多随意以包装纸和绳子进行包装，尚未具备当今包装的各种功能。直至欧洲进入工业化时代，由工业带动了现代商业的发展，从而催生了真正意义的包装设计。商人约翰·霍尼曼经营茶叶生意，为了保证自己生产的茶叶质量，因此在出厂前给茶叶进行了统一的包装，在外包装上印有品名、保量字样，可以说是最早的厂家包装代表。

19世纪末到20世纪初，传统的玻璃容器还是主流的包装形式，玻璃本身的质感非常美观，这种包装常被视为艺术品，尤其在昂贵的酒类包装中最为常见（图1–27）。这一时期的英国出现了铁罐包装容器，铁比玻璃的造价低廉，且密封性好、不易碎。铁罐的出现直接推动了罐头食品的产生。这种材料的包装在19世纪中期得到快速推广，彩色印刷技术的发展也为铁皮表面的精美印刷提供了技术支持（图1–28、图1–29）。

图1-27　19世纪末美国玻璃材质酒包装容器

图1-28　19世纪末英国CADBURY'S可可粉金属包装盒

图1-29　英国咖啡品牌卡马瑞包装

19世纪中期，纸盒的包装形式开始出现，人们意识到运用简单的加工方式就能使一张卡纸成为具有规范造型的包装盒，这种包装较早出现在美国。纸盒造价低廉、加工方便、印刷成本低，很快得以普及并广泛应用在药品、食品、香烟等商品的包装中（图1-30至图1-32）。

图1-30　CUTICURA SOAP儿童爽身粉包装

图1-31　日本香皂包装

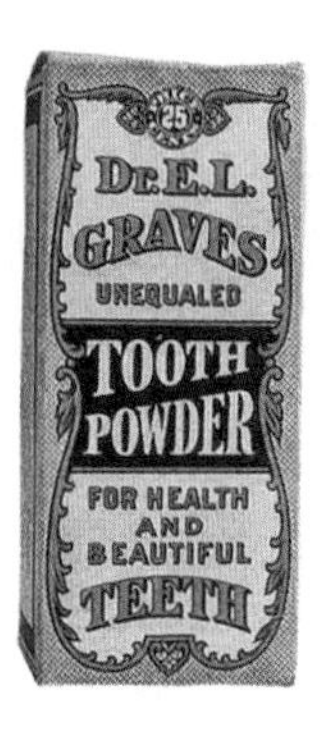

图1-32　埃立特·劳伦斯医生品牌包装

19世纪后期，随着包装逐渐得到普及，市面的店铺中开始出现设计精良的包装，且整齐规范地陈列在商店货架上。包装开始用自身精美的外观无声地对商品进行促销。消费者也习惯了通过不同的包装对各品牌的商品进行区别。由此，商品形成了自己特有的形象。这也是品牌塑造自身特有形象的开端（图1-33）。

这一时期出现了金属软管包装，如高露洁牙膏（图1-34）；玻璃容器继续充当香水、酒等高档商品的包装（图1-35）；纸包装仍然在大众日常用品中占据主流地位，广泛运用在茶叶、食品、烟草等生活必需品上。19世纪末20世纪初的商业竞争越来越激烈，商品广告、商标等设计形式越来越多，这是品牌意识的最初体现，也是为品牌建

图1-33　19世纪不同品牌的酒包装体现出极大的差异

图1-34　COLGATE'S牙膏包装

图1-35　英国瑞米尔品牌香水包装

立起的整套视觉形象——商标、广告、包装、店面形象结合形成品牌形象整体。

3. 20世纪的包装设计

二十世纪欧洲大陆和美国出现了非常重要且有影响力的形式主义运动——新艺术运动，逐渐代替欧洲弥漫的烦琐矫饰的维多利亚风格。这一艺术形式所崇尚的自然、东方气息得到极大发展，主流的艺术风格呈现为有机形态、植物纹样、动物纹样，特点是色彩鲜艳华丽且装饰性极强，在各种艺术形式中都有典型体现。这一时期，早期华贵烦琐的包装风格设计也逐渐发生转变，如何顺应新的审美艺术风格、与时俱进，成为各商家面临的实际问题，多数商家没有将原有的品牌形象进行颠覆式改变，而是在细节上进行调整（图1-36）。

20世纪30年代大型厂商开始拥有自己的设计队伍，专门解决各类设计问题。设计开始融合到商品开发的整体的环节中。如早在20世纪30年代出产的乐之饼干品牌，其包装设计虽历经百年，是对传统的沿袭，但也不乏在设计细节上的不断调整创新（图1-37）。可见包装设计在商品研发的过程中需要进行完整的策划，综合考虑产品研发、销售等各个方面，才能得到经久考验的品牌包装形象。另外，在设计之初就应充分考虑到设计能否持续运用。

图1-36　从华丽风格转向清新自然风格的巧克力饮品包装

图1-37　乐之饼干创立之初与21世纪后的包装设计

图1-38　法国酸奶包装

图1-39　剃须系列产品包装

图1-40　玻璃纸糖果包装

20世纪初，设计已经不再是少数上流权贵的专利，而是随着大众消费时代的到来，越来越融入通俗文化中。这一时期两种新型材料在包装设计行业出现：铝箔和玻璃纸。铝箔在1910年已经先后出现在英、美等国，五六十年代广泛应用在食品包装，以及牙膏、胶水、剃须膏、鞋油等日用品中，其优势是柔软、具有光泽、重量轻，缺点是造价较高（图1-38、图1-39）。玻璃纸由瑞士化学家发明，20世纪30年代开始被广泛应用于糖果、饼干、香烟等包装中（图1-40）。

这一时期，玻璃容器的地位受到了来自平顶金属罐的冲击。金属罐占据空间小、易于摆放、不易破损，并随着瓶装啤酒的销售进入大众家庭，是易拉罐的前身（图1-41）。20世纪30年代，二战使欧洲大陆出现了一段艰难的物资匮乏时期，包装材料的使用也受到了局限。材料的质量被降低、印刷色彩减少、更多廉价材料取代贵材料。由于物资匮乏，罐装的食品越来越多。

二战后，国际主义设计风格流行，其风格追求简洁、醒目、理性化的形式，反对烦琐的装饰。这一时期的包装设计在造型、构图上更注重功能化和简单明快的风格。

20世纪50年代自选式的购物方式（超级市场）出现并逐渐成为主流销售方式，包装设计进入了一个新的时代，消费者需要自己对商品进行识别和选择。此阶段的包装设计更为向于突出商品的识别性（图1-42）。50年代的包装界出现了一种在日后长期占据主流地位的材料——塑料，它在日后成为包装最主要的材料之一。塑料极强的可塑

图1-41　金属罐包装

图1-42　超级市场

性，对于设计师来说就是拥有了无止境的创造可能，这为包装设计的创新也提供了更多的可能。塑料可以被加工成各种形态，易于包装不同造型材质的商品（图1-43）。

图1-43　20世纪50年代塑料包装

20世纪六七十年代，随着西方国家普遍进入了高速发展的阶段，消费品的种类越来越多。由于包装的设计有了巨大的市场需求，因而人们对设计的要求也越来越多样。设计师认为单一化的设计风格不能满足所有人的审美需求，开始追求多元化的装饰风格，尤其是开始向着人性化的角度开发创造。外旋盖在此时被发明，改变了液体的传统包装方式，方便且可二次使用（图1-44）；在饮料行业中，玻璃容器使用逐渐减少的同时铁罐大量出现，可口可乐公司首先于1960年使用罐装包装饮料，极大了拓展了其销售（图1-45）；在罐装啤酒的容器发展中，出现了拉环的开启方式——易拉罐，于1962年首先出现在美国，随后逐年被改良完善，直至当今的形态，这在包装业上引起了一场容器包装改良的革命（图1-46）。

图1-44　带外旋盖的洗衣粉包装

图1-45　可口可乐饮料包装

图1-46　易拉罐开启方式的饮料包装

20世纪80年代，在人们的观念里，商品天经地义要有包装，人们对包装的关注甚至超越了对商品自身的兴趣。包装设计开始有严格、规范的规定，使它成为消费者辨别商品真伪和质量的一项指标。这一时期包装设计在风格上经历了一次重要的文艺复兴，这不是单纯的怀旧，实质是对以往的各种设计形式进行改良、调整补充（图1-47）。

20世纪90年代，环保意识开始在全球得到普遍的重视，人们在各个领域中追求自然、健康与原始。包装设计开始走向绿色化的新方向——与环保的意识进行结合。此时包装设计的另一个特点就是与品牌整体形象的塑造越来越紧密，包装设计越来越受到重视并被融入品牌整体视觉形象设计中（图1–48）。

图1–47　20世纪80年代饮料包装

图1–48　20世纪90年代饮料包装

（二）包装设计的发展趋势

随着科技的发展，人们对生活品质的要求进一步提高，以及对生存环境的关注越来越多，未来包装设计的发展趋势也更多元化。

1. 生态设计

生态设计是按照自然环境存在的原则，与自然相互作用、相互协调，对环境的影响最小，能承载一切生命迹象的可持续发展的包装设计，即从环境保护的角度考虑进行商品的包装设计。生态设计活动主要包含两方面的含义：一是从保护环境的角度考虑，减少资源消耗，实现可持续发展战略；二是从商业的角度考虑，降低成本、减少不必要的浪费，提高性价比，以增加竞争力，可以说，生态设计是未来包装设计发展的基础。

2. 高新技术设计

信息化时代的到来预示着高新技术设计将体现在计算机辅助设计、计算机辅助制造、智能机器化方法、信息设计、虚拟设计、机器人设计、高技术材料、先进制作工艺、一体化设计、无版印刷、装订、包装技术等诸多方面。包装设计离不开材料、印刷、加工制造等环节的技术保障，新技术与材料也为包装设计的创意表现提供了更多可能。

3. 交互式设计

交互式设计通过包装材料和包装手段的实施，使产品和消费者之间建立起一种更加紧密的联系，形成一种互动的关系，打破了过去包装单向传递信息的格局。它主要的表现形式有：感觉包装、功能包装、智能包装。

4. 传统文化与现代风格并存的设计

风格是商品包装设计的一大主题，任何商品包装都讲究风格，民族风与国际风、商品性和文化性、继承和革新、传统与现代、雅与俗成为商品包装设计的风格，并不断碰撞与融合，实现产品特征与商品包装设计的统一。

5. 人性化的设计

人性化设计包括生理（物质）和心理（精神）两个方面，商品包装的人性化设计更注重精神方面的需求。我国的商品包装经历了从漠视包装到过度包装的过程。商品包装的人性化设计除满足心理需求外，还要满足不同文化、民族、地域、性别、年龄的人的心理需求。未来商品包装更重视的是包装的人格化，即诚实、真实，而非虚假、欺骗；是追求个性，而非一味地追求高档、轻视内涵。

三、包装设计的功能

包装设计的功能随着时代的发展不断丰富，可概括为四类：保护功能、便利功能、促销功能、心理功能。

（一）保护功能

容纳和保护商品是包装最首要的功能。主要是避免商品在流通储存过程中受到外界的损害和影响（物理上、化学上、力学上等）。防冲击振动主要用于铁路、公路、飞机、船舶运输过程，以及装卸、搬运、堆积方面（图1-49）。防潮防水主要用于雨水、潮湿空气等情况（图1-50）。防空气环境接触，即某些商品不可与空气接触（液态药剂等）（图1-51）。防盗窃，即贵重商品需要保证密封，在封缄材料和开启方法上进行特殊设计（图1-52）。

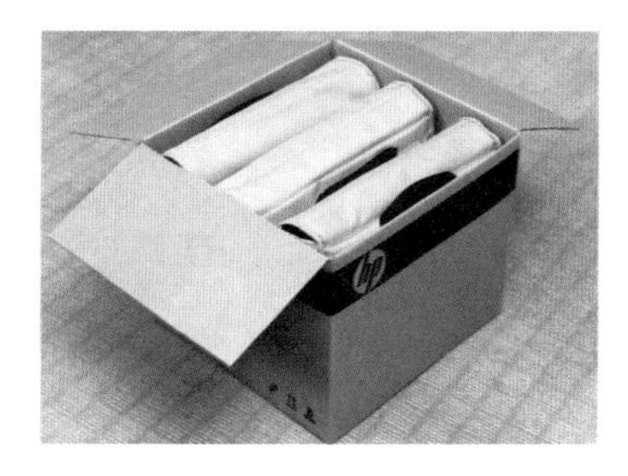

图1-49 纸箱包装

图1-50 运输包装标志

图1-51 液态药剂包装

图1-52 防盗窃包装

（二）便利功能

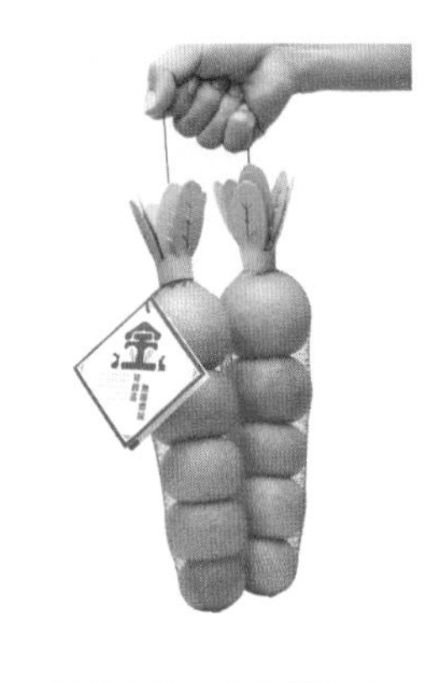

图1-53　方便携带与盛放的水果包装

包装的便利功能针对商品的制造商、储运工作人员、销售者以及消费者。首先，设计要适合生产加工、简化工序、易于操作、大规模生产，才能方便制造商进行生产，节约成本提升效率。其次，设计要具有统一规格，占据空间合理，适合运输和搬卸。再次，在具体的销售环境中，包装的识别性要强、陈列展示效果要好，方便保存清洁等。最后，对于消费者来说，包装的开启方式要简单、方便携带，在购买商品之后，便于存放、丢弃（图1-53）。

（三）促销功能

包装的商业功能主要体现在它对商品的促销作用上，可谓“无声的推销员”。当某品牌商品在卖场中同时与其他大量商品摆放在一起时，若想要脱颖而出就需要使包装的外观更吸引人、更具有说服力。通过美观的外形吸引消费者，如色彩、图案投其所好，造型新颖独特，具有二次利用功能等。同时，包装通过文字、图案来介绍商品，可以让消费者直观地了解商品，是促使消费者购买商品的关键一步（图1-54）。

图1-54　GLOBAL VILLAGE果汁包装设计

（四）心理功能

包装的心理功能主要指消费者在长期使用商品的过程中，会形成固定的视觉印象。

如茶叶代表色为绿色、棕色；辣椒制品代表色是红色、橙色；饮料的代表色为原料的颜色等，而消费者的这种心态又会反过来影响包装的设计（图1–55、图1–56）。

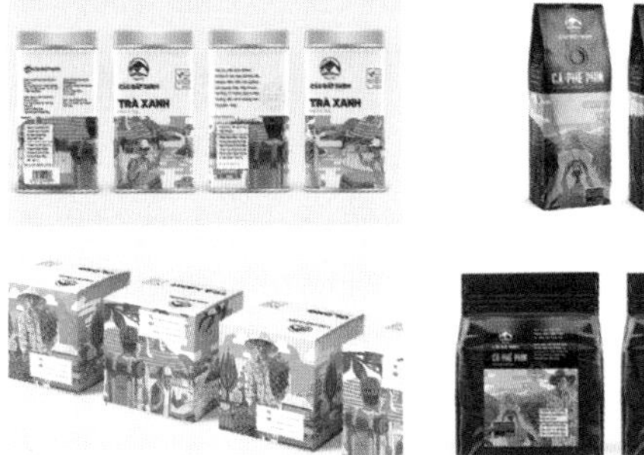

图1–55　越南Cau Dat Farm茶包装设计

图1–56　JÜ果汁包装设计

上述包装的四个主要功能是互相关联而非孤立存在的。不同的商品对包装功能的要求有不同的侧重点，包装则应根据各商品的特点与销售需要进行设计。

四、包装设计的分类

（一）按照形态性质分类

1. 个包装

个包装是直接与商品接触并对单个或单位商品进行盛放包装，主要功能是通过包装达到保护商品作用，同时也可通过其上的视觉元素展示商品信息。从包装程序来看，个包装也可以称为第一次包装。在设计时必须根据产品特性，选择合适的包装形式、包装材料和填装容器，以防止产品受损（图1–57）。

图1–57　甜甜圈包装设计

2. 内包装

内包装是相对于外包装的概念而言的，也是最常见的销售包装，称为第二次包装。主要功能是对内容物的形态进行归纳，保护商品，实现防水、防潮、避光、防变形。内包装是将物品个包装或两个以上的适当单位予以整理包装，可加保护材料，使其更具有促销的视觉展示效果（图1–58）。

图1–58　FongCha茶包装设计

3. 外包装

外包装也称为运输包装，是相对于内包装而言的概念。主要功能是保障商品在运输流通过程中的安全，便于装卸、搬运、保存、运输。在储存、运输过程中，为使存放搬运适当，在外包装箱上应按规定标准标明包装储运图示标志（图1–59）。

图1–59　GREENBOX比萨包装设计

（二）按包装材料分类

包装按其材料可分为纸包装、金属包装、玻璃包装、木制包装、塑料包装等（图1–60至图1–64）。

图1–60　MONTEZUMA'S巧克力纸质包装设计

图1–61　East Street Cider苹果酒金属包装设计

图1–62　FRUIT SPREAD果酱玻璃包装设计

图1–63　Foral de Murca葡萄酒木质包装设计

图1–64　Squeeze & Fresh果汁塑料包装设计

（三）按包装形式分类

包装按照形式可分为单件包装和系列包装（图1-65、图1-66）。

图1-65　香港沙利文月饼单件包装设计

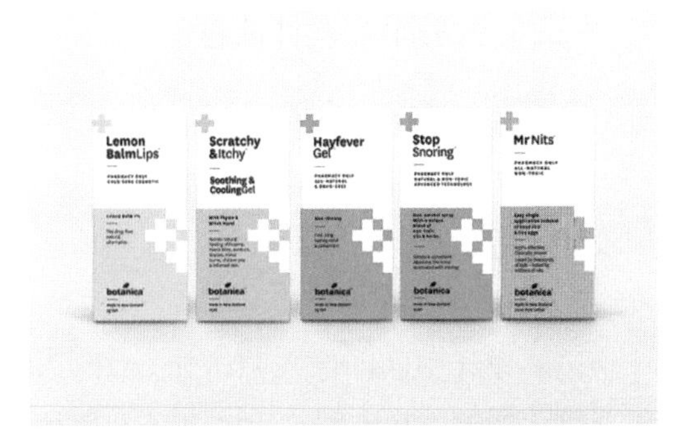

图1-66　Botanica保健品系列包装设计

五、包装设计的原则

包装设计主要涉及包装容器造型设计、包装结构设计、包装外观视觉形象设计三方面，这三个方面互相联系、互相交叉，是体现设计创意不可分割的整体。

包装设计的主要工作对象是商品的销售包装，它在提升商品价值和竞争能力、扩大商品知名度、促进销售方面起着极为重要的作用。

包装设计的总原则是：科学、经济、牢固、美观、适销，这一总原则是围绕包装的基本功能提出的，是对包装设计整体上的要求。在这个总原则下需要做到下面几点：

第一，符合内容物品的保护及品质的保鲜。

第二，包装材料及容器符合安全标准。

第三，包装容量恰当，起售单位装置要适量。

第四，包装内容物的标识及说明文字要实事求是。

第五，产品的空间容积不能过大（在20%以下）。

第六，包装费用与此产品本身的价值相称（一般占商品售价的15%以下）。

第七，节省资源且包装废弃物处理方便。

以上几个方面都是促进商品销售必不可少的方面，它们之间互相制约。若是能协调好几者之间的关系，便是包装设计的成功之作。

六、包装设计的印刷工艺

（一）包装印刷设计

包装印刷设计是印刷行业中的一个类型，是具有一定设计创意的印刷方式。目前除传统印刷方法（如手印、凸印、凹印、丝印）外，已有很多种新的印刷方法（如色悬印刷、主体印刷等），丰富了包装印刷的方式。

（二）包装印刷设计流程

1. 包装图设计

包装图设计是对印刷元素的综合设计，包括图片、插图、文字、图表等。目前包装设计普遍采用电脑辅助设计，直观地运用电脑对设计元素进行编辑设计。

2. 照相与分色

包装设计中的图像来源，如插图、摄影照片等，要经过照相或扫描分色，经过电脑调整才能够进行印刷。目前电子分色技术产生的效果精美准确，已被广泛地应用。

3. 制版

包装印刷中的制版方式有凸版、平版、凹版、丝网版等，但基本上都是采用晒版和腐蚀的原理进行制版。

4. 拼版

将各种不同制版来源的软片分别按要求的大小拼到印刷版上，然后再晒成印版进行印刷。

5. 打样

打样是指晒版后的印版在打样机上进行少量试印，以此作为与设计原稿进行比对、校对及对印刷工艺进行调整的依据和参照。

6. 印刷

根据合乎要求的开度，使用相应印刷设备进行大批量生产。

7. 加工成型

对印刷成品进行压凸、烫金(银)、上光过塑、打孔、模切、除废、折叠、黏合、成型等后期工艺加工。

（三）包装印刷的主要类型

在包装设计中，装饰一词常用来代表印刷方法之外其他用于生成图像、图形和文本的技术。但是装饰最终得以呈现，还是需要借助印刷技术来实现。主流的印刷工艺有凸版印刷、凹版印刷、平版印刷等形式。

1. 凸版印刷——苯胺印刷

凸版印刷与印章的工作原理相同，都是把油墨涂在有凸起的平面上，通过施加压力把油墨转移到纸张或者其他材料上，广泛应用在包装设计中。在靠近文字边缘的地方会产生晕圈的效果或者墨迹。

2. 凸版印刷——胶凸版印刷（干式胶印）

这种方式主要适合于金属罐、塑料桶、金属管、塑料管等包装。

3. 平版印刷——平版印刷和胶版印刷

与凸版印刷不同，平版印刷的印刷区域和非印刷区域在同一平面上，每一块印版上都有一个亲油的图文区可以吸收油性油墨，亲水的非图文区不吸收油墨。使用铝合金板、用化学方法强化油墨和水的易受性，通过曝光得到印刷图文。常见的做法是将橡胶套在滚筒上做垫板，使印刷图文转移到承印物体上。

平版印刷主要用来印刷标签、单张金属、折叠纸盒，通常使用三原色（青色、品红、黄色）、黑色以及一到两个专色（专色往往是合成的，不可能准确地用原色或金属色油墨再次调出）。

4. 凹版印刷——轮转凹版印刷

凹版印刷的原理是在滚筒上的印刷区域中用一系列小洞进行雕刻或腐蚀，使滚筒印版的表面上形成凹陷的小洞，每个小洞都可以根据需要进行深入雕刻，以容纳更多油墨。这种印刷质量较高，造价相应也较高。滚筒虽造价昂贵，但也是一种可以长期使用的工艺。通常用于印刷品质较高的精美包装、礼品包装等。

5. 丝网印刷

利用感光材料通过照相制版方法制作丝网印版，印刷时通过挤压使油墨通过图文部分的网孔转移到承印物体上，形成与原稿一样的图文。其优点是适合塑料、织物、硬板、金属、玻璃等多种材料的印刷，且效果精美、品质较高。

（四）包装印后加工

包装的印后加工工艺是指在印刷完成后，为了美观和提升包装的特色，在印刷品上进行的后期效果加工。

1. 印光

印光是指在印好的版面上加印一层透明的光膜，使其更为光亮。具体可分为局部上光和整体上光。局部上光可达到强化图形或文字的效果，整体上光可提高印刷品的光亮度和耐磨性。印刷的方法是对需要上光的部分单独制作一块区域印版，使其位置、大小与原来油墨的印纹吻合，再通过橡皮滚筒进行上光处理。（图1–67）

图1–67　印光技术加工的包装容器

2. 覆膜

覆膜是指在印刷品上覆上一层塑料膜，覆的

图1-68　覆膜技术加工的包装盒

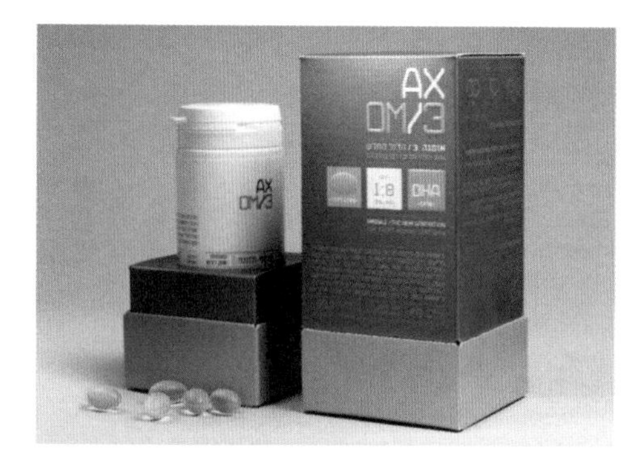

图1-69　UV上光技术加工的包装盒

图1-70　模切技术加工的包装盒

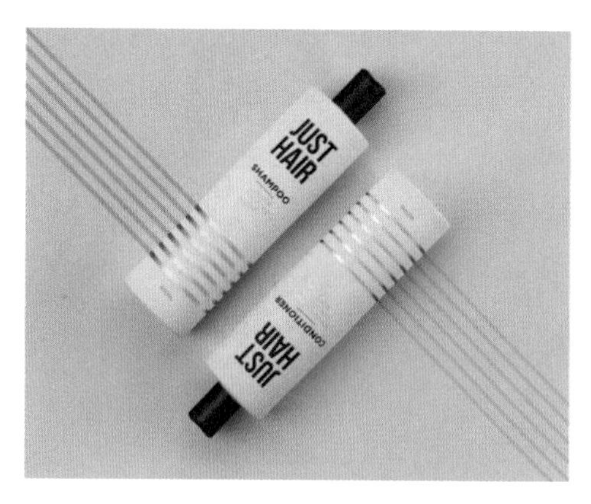

图1-71　烫金技术加工的包装容器

膜又分光面膜和哑面膜。哑面膜无光泽，手感好，成品平整，价格略高于光面膜。覆膜在包装印刷中极为普遍，但是薄纸覆膜后容易卷曲，应尽量选择具有一定厚度的纸张。（图1-68）

3. UV上光

UV上光即紫外线上光。它是以UV专用的特殊涂剂精密均匀地涂于印刷品的表面或局部区域后，经紫外线照射，在极快的速度下，使其干燥硬化而成，这种加工方式常用于包装、书籍封面的印刷。UV上光后的材质表面光亮，可分为全部上光、局部上光两种。（图1-69）

4. 模切与激光雕刻

模切是印刷品后期加工的一种裁切工艺，模切工艺可以把印刷品或者其他纸制品按照事先设计好的图形制作成模切刀版进行裁切，从而使印刷品的形状不再局限于直边直角。用来加工的模切材料有橡胶、泡沫塑料、塑料、乙烯基、硅、金属薄带、金属薄片等（图1-70）。激光雕刻加工是利用数控技术为基础，以激光为加工媒介实现的。特点是加工精度高，速度快，应用领域广泛。激光雕刻广泛应用于广告加工、礼品加工、包装雕版等诸多行业。

5. 烫金

烫金，也称“烫印”，是一种印刷装饰工艺。烫印的材料是具有金属光泽的电化铝箔，颜色有金、银以及其他种类。在包装上主要用于对品牌主体形象、重点装饰细节进行突出表现的处理。（图1-71）

6. 凹凸压印

凹凸压印是指用凹凸两块印版，把印刷品压印出浮雕状图像的加工。印版不用着墨

的压印方法。按原稿图文制成凹凸两块印版，在纸上或印有图文的印刷品上进行压印，形成犹如浮雕的图案。（图 1–72）

图1–72　凹凸压印技术加工的包装容器

凹凸压印工艺多用于印刷品和纸容器的后加工上，如包装纸盒、瓶签、商标等。利用凹凸压印工艺，可造成深浅结合、粗细结合的装饰形态，使包装制品的外观在艺术上得到更完美的体现。

chapter

02 第二章 包装容器造型设计与实训

一、实训项目介绍

实训主题：包装容器造型设计。

实训内容：包装容器模型的设计与制作。

实训课时：16课时。

实训要求：要求学生在16课时内完成香水容器模型的设计与制作，容器造型应与香水属性相符合，体现香水容器造型的美感，同时做到容器结构合理、容器造型新颖、材料适当且便于加工与使用，能够兼具美观性与实用性。

实训目的：包装容器造型的设计与制作实训，引导学生从立体形态的角度对包装造型进行思考，使学生了解包装容器的设计和制作方法，掌握包装容器的设计与制作能力。学生通过对容器模型的制作，加深对三维立体形态的理解，为后续课程中的综合实训打好基础。

二、包装容器的分类

包装的容器按照其材料可分为塑料、玻璃、金属、木材、陶瓷、石材，以及其他各种天然材质、复合材质等，包装容器按照其形态可分为瓶、杯、碗、罐、桶、管等。（图2–1）

图2–1　各种形态的包装容器

三、包装容器的设计原则

包装容器造型的设计既要考虑容器作为包装最基本的保护与存储功能，同时还要兼顾容器造型的视觉美感。良好的造型设计在给消费者带来视觉审美享受的同时，还需要方便消费者的使用，也就是要通过创意提升商品的价值，并且充分考虑环保和造价问题，遵从实用性、人性化、美观性、创意性的设计原则。

（一）包装容器设计的实用性原则

包装容器的实用性体现在两方面。一方面，包装容器最基本的功能在于对内部商品的保护和盛放，因此在设计容器时要充分考虑内部商品的性质，以此为基础选择适当的容器制作材料；容器的设计要能够适合运输，其造型要适合在运输包装中进行合理摆放，以便最大限度地节省运输空间。另一方面，包装容器的实用性还体现在消费者使用容器是否便利，如是否便于携带、是否便于开启与闭合、是否便于摆放与储存、是否便于回收循环利用等方面。（图2–2、图2–3）

图2–2　Molokija牛奶的包装设计

图2–3　八拾捌茶的包装设计

（二）包装容器设计的人性化原则

包装容器的造型设计需要考虑使用者的触觉行为以及感受，即舒适的设计，能使消费者在使用商品过程中感受到便利与乐趣，彰显人性化的设计原则。设计师应对消费对象在使用容器过程中的操作部位尺寸、动作行为方式等进行了解，结合人体工程学原理把握好包装容器各部位的尺寸和形状，在创意与美感表现的基础上实现包装容器与使用者之间的和谐。（图2–4、图2–5）

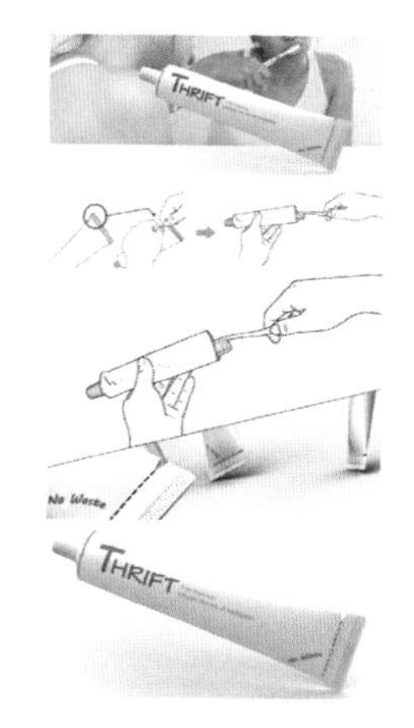

图2-4　THRIFT牙膏包装设计

图2-5　麦当劳便携包装设计

（三）容器设计的美观性原则

包装的容器体现为具体的形态、构造与局部细节，其造型可谓商品的外衣，它的形象直接影响到消费者对商品的第一印象。因此，追求造型上的美观是容器设计中不可忽视的一大原则，美好的造型给人以美的享受，更会引发人的联想，并将美好的视觉体验延伸到人对商品的认识中。在具体的设计中，需要结合形式美法则进行构思，体现造型的艺术性，并通过美观的造型提升商品的价值以及品牌形象。（图2-6、图2-7）

图2-6　Real Banana Milk香蕉味乳制品包装设计

图2-7　南非多芬（Dove Ashley）日用品限量版的包装设计

（四）包装容器设计的创意性原则

创新是设计进步的推动力量。随着设计行业的不断发展以及商业市场的需要，包装容器的设计需要不断在新材料、新工艺、新设计观念方面进行突破。在设计中，可以将创意点具体到容器的造型样式、材料运用、制作加工工艺，以及装饰表现手法等各方面，依据商品自身的特点以及品牌特色，结合现代工艺技术与创意表现方法，从触觉、视觉、体量感等多角度展开设计构思。（图2–8、图2–9）

图2–8　Squeeze & Fresh果汁包装设计

图2–9　Soy mamelle豆奶包装设计

四、包装容器造型的设计思路

（一）几何造型

设计中的几何造型是指由点、线、面构成的，具有调和、简洁、规范等特征的造型。在包装容器造型中，常见的几何造型有球体、立方体、柱体、椎体，以及上述造型相互组合而成的复合造型等。几何造型注重线条感以及点线面元素的结合，具有简洁、明朗、理性感的特征，其表现形式除了外观上的表象、形态、线条、空间之外，还可以与具体的质感结合，可谓形式丰富，特点鲜明，体现了理性化与秩序性的结合。（图2–10、图2–11）

图2–10　以几何造型为主的包装容器

图2–11　几何造型的香水容器

（二）仿生造型

自然界的生物如植物、动物、人物、景观等造型可以为包装容器提供可参考的设计原型，对这些生物的模仿可以丰富和拓展包装容器造型的设计思路。具体的设计方法是对自然界中物体的形态进行模拟，提炼其形态的特征和美感，在设计中进行再创作。创作时应特别注意，仿生设计并不是对形态的简单模仿，而是追求形态的神似，应在原有造型的基础上加入设计师的思考，通过提取、抽象等手法对造型进行表现，展示自然造型的独特美感和生命力。（图2–12、图2–13）

图2–12　以仿生造型为主的包装容器

图2–13　仿生造型的香水容器

（三）主题化造型

主题化造型的设计思路是指在包装容器的创意中不拘于几何造型、仿生造型等形式，将思路进行综合，以某个特定主题为中心展开设计，如某一民族特色、地域特色、文化观念、风土人情，或某一主题活动、某一事件，甚至某种抽象概念、感受、理念等都可以成为容器造型设计的思路。例如红牛维生素功能饮料超级英雄系列概念包装设计，以“超级英雄”为主题，将超级英雄象征性的标志图案和色彩运用在设计中，体现该饮品补充体能的功能特点（如图2–14）。再如迪奥（DIOR）品牌推出的以诱惑为主题的女士香水“毒药”系列，该主题取自圣经中伊甸园的毒苹果概念，因此容器造型特意设计成抽象的苹果形状，象征着诱惑与神秘感（图2–15）。

图2–14　红牛维生素功能饮料超级英雄系列概念包装设计

图2-15 迪奥“毒药”系列香水包装设计

五、包装容器设计案例分析

【Arbuzov Maksim蜂蜜概念包装设计】

此款包装容器的造型设计模仿蜂巢六边形，当容器多件组合摆放时，这种六边形的形状便可以最大限度地利用空间，几何感十足的造型配合通透的玻璃材质简洁大方，瓶盖使用木材质并专门设计成为蜂蜜搅拌工具，在体现天然质朴风格的同时达到了方便使用的目的。（图2-16）

图2-16 Arbuzov Maksim蜂蜜概念包装设计

【Siya果汁包装设计】

这款果汁的容器采用了塑料材质，其造型设计的灵感来自放置在杯子上的新鲜水果，瓶身的凹陷设计能突出顶部的水果，同时这一造型更便于饮用者手持容器，配合栩栩如生的鲜果图案，直观地展示出果汁的新鲜。（图2–17）

图2–17 Siya果汁包装设计

【Molocow牛奶包装设计】

这款牛奶容器的设计主打趣味性，其整体造型描绘了一个具有科幻感的场景——一架飞碟正在将奶牛吸入其中，可谓想象力十足。容器顶部的瓶盖被巧妙设计成飞碟的样式，玻璃瓶身则模仿飞碟投射的光束，其上绘制着上升状态的奶牛，形象生动，整体设计充满趣味。（图2–18）

图2–18 Molocow牛奶包装设计

【Constantin Bolimond葡萄酒包装设计】

许多地方的红葡萄酒都被誉为“红葡萄的血液”。设计师便以此为灵感创作出这款名为“葡萄之血（blood of grapes）”的酒容器。该容器为瓷质，塑造的心脏形状盛放被喻为“血液”的葡萄酒，以独特的设计展现红葡萄酒的寓意。（图2–19）

图2-19　Constantin Bolimond葡萄酒包装设计

六、实训步骤

包装容器造型的设计与制作，包括了以下几个步骤：实训主题分析、市场调查、明确思路定位、创意思维发散、草图设计、容器模型制作、作品展示。

（一）实训主题分析

对实训主题进行分析，是所有设计工作的第一步，不论是企业实际项目、参赛项目，还是虚拟主题项目都应该首先对实践主题进行深入的了解。

对于企业实际项目来说，应邀请企业相关负责人员与学生进行直接的沟通，对企业、品牌、产品进行介绍，并明确设计要求。对于设计竞赛主题和虚拟项目主题来说，也应该由指导教师对竞赛要求、设计要求进行全方位的阐述，使学生能够快速明确实训主题和设计方向。

本实训主题为香水容器造型设计。香水容器的特点包括：香水容器的容量较小，以30ml、50ml、100ml等剂量为主，因此瓶身较为小巧精致；香水造价较高，其容器在材质选择上较为考究，以品质较高的玻璃、水晶等为主，并多以金属、木材、石材、纺织物作为局部装饰；对造型设计与装饰的审美性和艺术性要求较高，设计风格多样、表现手法丰富（图2-20）。学生需要根据香水这一商品特有的属性，结合其产品定位、目标消费群体、价格定位、销售场所等具体信息确定设计思路。

图2-20　各种风格与表现手法的香水容器设计

（二）市场调查

1. 调查地点

市场调查围绕香水这一主题进行，考察地点可以是商场内的香水品牌专柜、化妆品专卖店内的香水产品、其他品牌专卖店内的香水产品、能够获得相关资料的图书馆、香水企业生产场所等。

2. 考察内容

国内外品牌香水容器设计实物考察；收集国内外香水容器设计案例；对香水及其行业有关的信息进行了解。

3. 调查方法

通过在香水专柜实地观看与记录、拍摄香水容器的照片视频等影像资料、对香水销售人员访问并进行现场实地调查；利用图书馆和网络查阅香水容器的设计案例和其他相关信息。

4. 调查成果

要求学生以调查报告的形式提交成果，调查报告应包括以下内容，如市场现有香水商品的信息分析、国内外香水包装容器的优秀案例分析。

（三）明确思路定位

在市场调查的基础上，对调查结果进行整理和分析，形成调查结果。通过对调查结果的分析，确定设计的大致思路。这一时期的思路主要是学生根据自己对香水容器造型的理解，并结合个人的设计特长以及兴趣点获得关于设计定位的大致方向，但仍需要进一步细化为可实施的具体思路方案。

（四）创意思维发散

学生在形成大致思路之后，进行思维发散，即通过头脑风暴法、思维导图法将思路多方向进行发散，获得与香水容器设计相关的思路方向，并将思路以导图形式进行记录，对各个思路进行深入分析，从中找到最具可实施性的方案继续深入。

（五）草图设计

在获得可实施性的方案后，进入草图的设计阶段，将具备可实施性的思路绘制出来，包括外形轮廓、具体细节、不同角度的形态等，再对多个草图方案进行对比，选择最优方案深入推敲、刻画细节，为容器模型的制作做好准备。（图2–21）

图2–21　学生绘制的香水容器造型设计部分草图

（六）容器模型制作

容器模型的制作可以使用石膏、黏土、雕塑泥等材料，这些材料可塑性高，塑形技法简单，容易成型且便于修饰，模型成品效果较好，适合学生进行容器模型的制作。（图2–22）

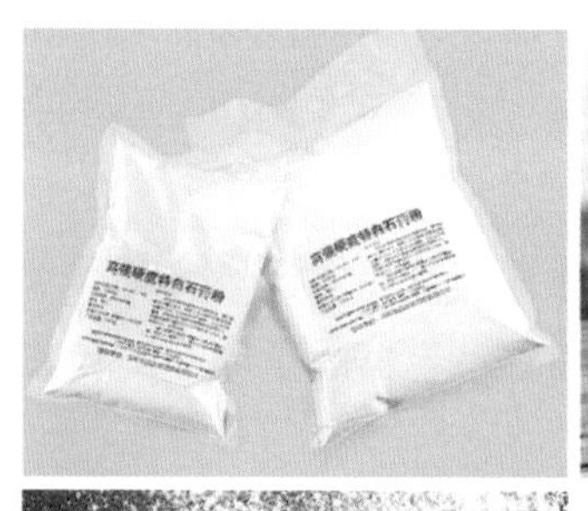

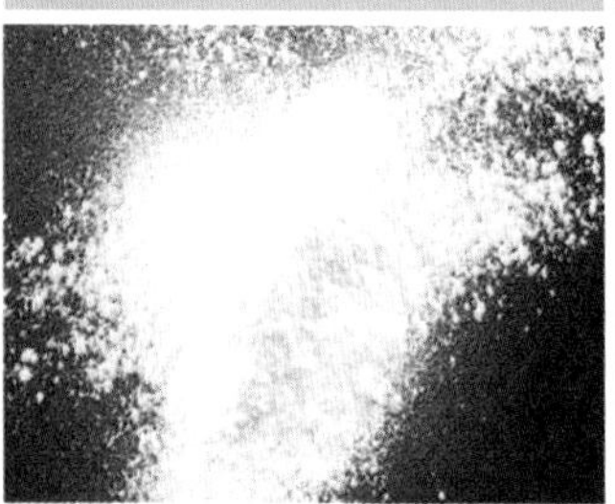

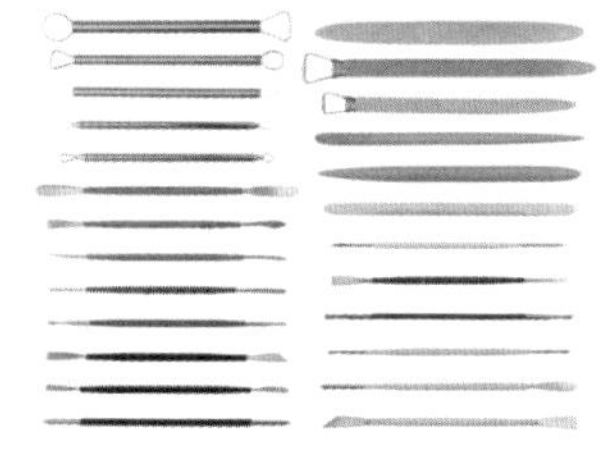

图2–22　制作容器模型可用的原料与工具

本次实训选择黏土作为主要材料。学生根据草图将黏土塑造出大致形态，再使用工具进行细节的刻画，对设计中的曲线、装饰花纹、瓶顶等重点部分进行精细刻画。（图2–23）

图2–23　学生制作容器造型

（七）作品展示

本次设计实训的部分作品展示如下，包括多种设计思路和创意表现方法。（图2–24）

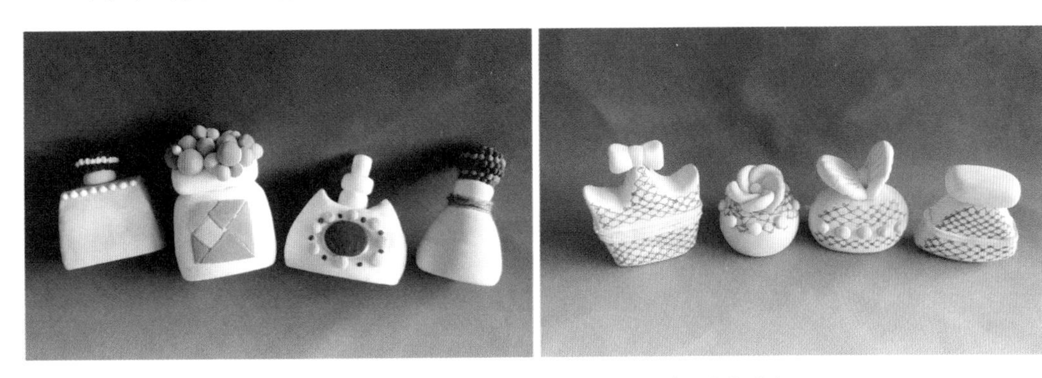

图2–24　香水容器造型设计练习作品（学生作业）

图2-24　香水容器造型设计练习作品（学生作业）（续）

chapter

03 第三章 包装纸盒结构设计与实训

一、实训项目介绍

实训主题：包装纸盒结构设计。

实训内容：系列纸盒包装设计与制作。

实训课时：16课时。

实训要求：要求学生在16课时内完成系列纸盒包装的设计与制作，纸盒的设计要达到结构合理、造型新颖、材料适当、装饰美观的效果，同时要考虑到纸盒形状是否便于运输、是否方便加工与回收等因素，要兼具美观与实用性。

实训目的：纸盒包装的设计与制作实训，使学生了解包装盒的基本造型及其设计与制作方法，掌握各种包装盒的造型特点和结构特征，能够对常见的包装盒形进行区分辨别，能够熟练制作常见的包装盒型，能够独立完成纸盒包装的创意设计与纸盒实物的制作，为学习后续课程中的包装综合设计做好准备。

二、纸包装的分类

（一）纸箱

纸箱通常用作商品的包裹物或物品的外层保护物。作为现代物流不可缺少的一部分，纸箱是应用非常广泛的包装制品。纸箱按照用料不同，可以分为瓦楞纸箱、单层纸板箱等，可根据需要制作成各种规格和型号，承担盛放商品、保护商品以及商品运输的重要职能。（图3–1）

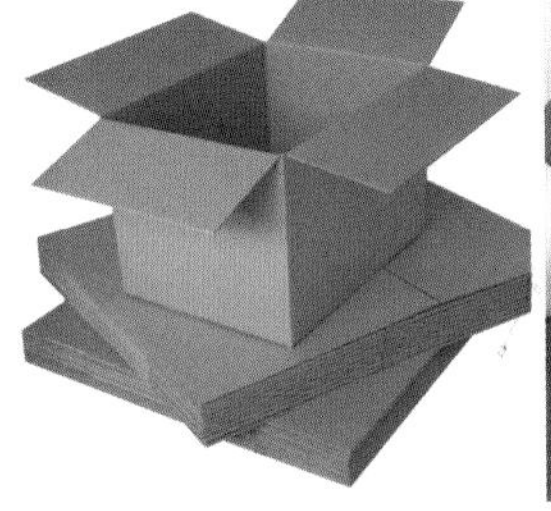

图3–1 运输包装纸箱

（二）纸盒

纸盒是最为常见的包装形式之一，广泛应用在食品、医药、日用品、电子产品等各种产品的包装中（图3–2）。纸盒的造型和结构由被包装商品的形状与特点所决定。不同类型的商品造就了市面上丰富多样的包装盒。纸盒的形状有立方体造型、椎体柱体造型、复合几何体造型、异形造型等，但其制造工艺基本相同，具有易印刷、易成型、造价较低等优势，是非常具有可塑性的包装形式。设计师可赋予其精美的外观和巧妙的造型，用以展示创意、美化商品，提高消费者对商品的关注度和好感。

图3–2　各种结构造型的纸盒包装

（三）其他纸包装

除纸箱、纸盒外，纸包装类型还有很多，如纸袋、纸筒、纸杯、纸浆模塑等都是较为常见的包装形式。（图3–3）

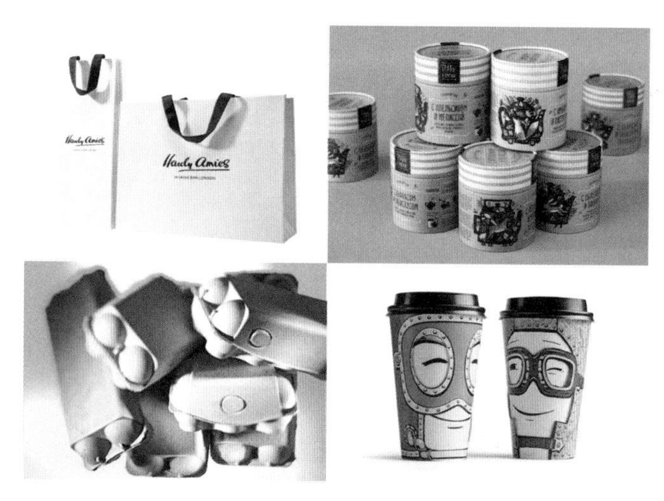

图3–3　纸袋、纸筒、纸杯、纸浆模塑包装

纸袋包装，是用纸材料制作的包装袋，其品种与款式众多。常见的纸袋材料有白卡纸、白板纸、铜版纸、牛皮纸，以及各种特种纸等。

纸筒包装，是用纸材料制作的筒形状包装物，以纸材为主的复合材料卷制而成。

纸杯包装，是用纸材质制作的杯状包装物，纸杯包装可添加盖体以便密封，常用于即食的饮料、快餐、食品等包装。

纸浆模塑包装，是以纸、板纸、废纸箱纸、废白边纸等作为原料制作而成的。其原料来源广泛、对环境无害、便于回收再生，同时具有质量轻、易加工成型等有点，常用于缓冲包装、包装衬垫等，在食品、精密器件、易破易碎制品、工艺品的包装中最为常见。同时在运输包装中，纸浆模塑制品作为与纸箱、纸盒相配套的包装内结构，对保护商品起到较大的作用。

三、包装纸盒的样式

（一）天地盖式盒

天地盖式盒是一种常见的盒形。盒盖为天、底为地，故称天地盖，又称天地盒。天地盖式盒被广泛应用于食品、服装鞋帽、电子产品、日用品，以及各类礼品的包装中（图3–4）。天地盖式纸包装盒的结构样式如下图（图3–5）。

图3–4　天地盖式包装盒

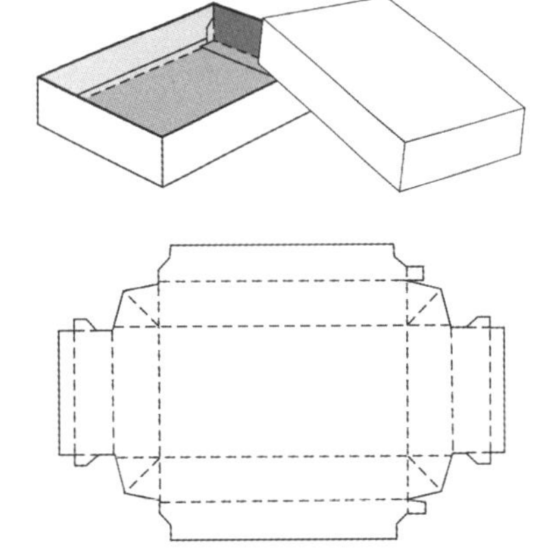

图3–5　天地盖式包装盒的结构示意图

（二）翻盖反向插入式盒

翻盖反向插入式盒是指盖体与盒身的一边相连接，盒的顶部盖体与底部盖体的插入方向相反。这种盒型结构简单，多用于小型商品的包装（图3–6）。翻盖反向插入式纸包装盒的结构样式如下图（图3–7）。

图3-6　翻盖反向插入式包装盒

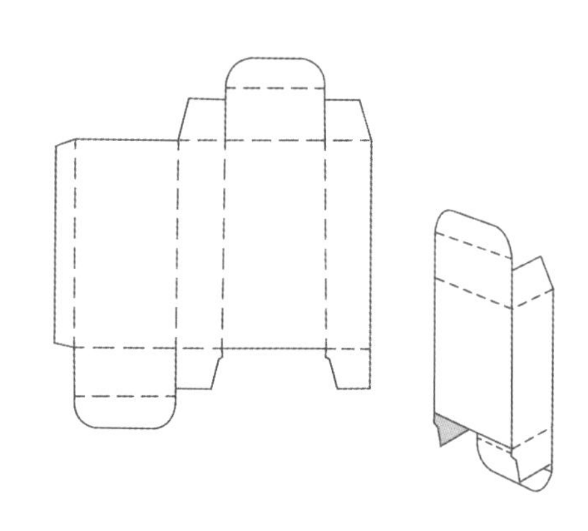

图3-7　翻盖反向插入式包装盒的结构示意图

（三）摇盖式盒

摇盖式盒是指盖体与盒身连接为一体，可将盖体掀起进行开启的包装盒。此造型较常见于礼盒包装中（图3-8）。摇盖式包装盒的结构样式如下图（图3-9）。

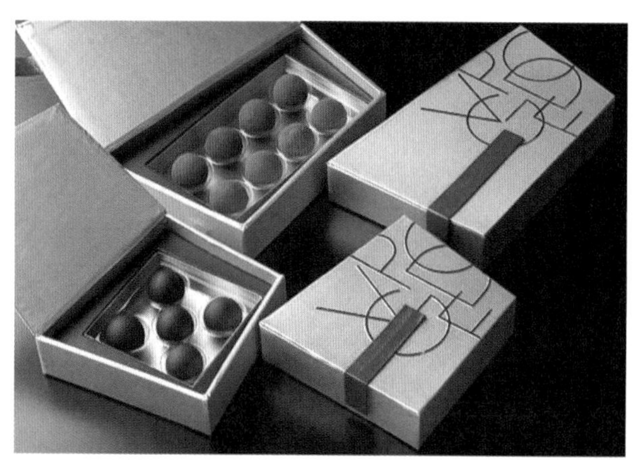

图3-8　摇盖式包装盒

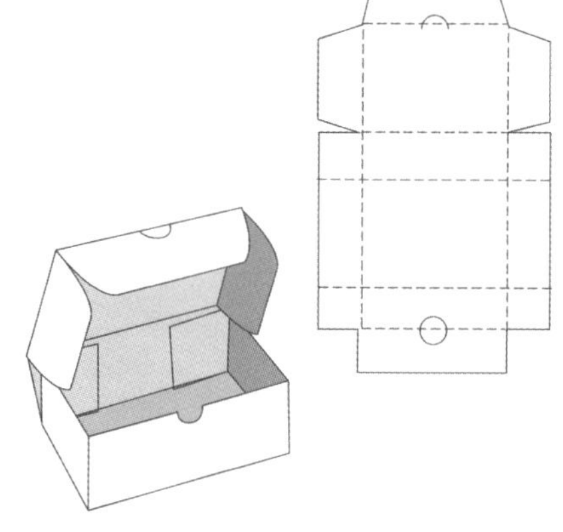

图3-9　摇盖式包装盒的结构示意图

（四）抽屉式盒

抽屉式盒是指包装盒的外部为四周包围结构、前后为开放式，内盒以抽拉方式进出，实现盒体的开启与关闭。这种盒型结构简单、开启方便，在各种类型的商品中都有所应用（图3-10）。抽屉式包装盒的结构样式如下图（图3-11）。

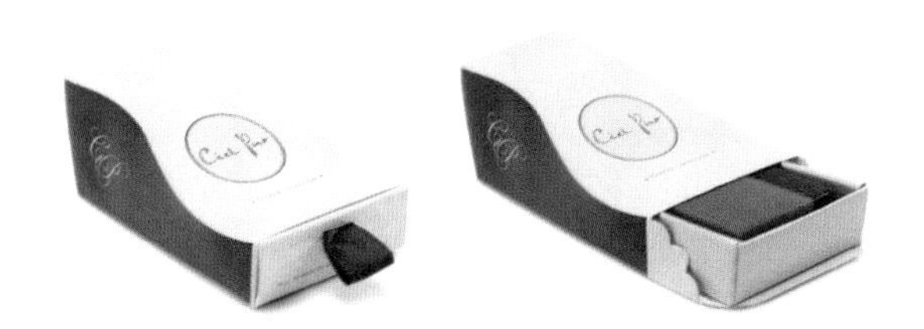

图3-10　抽屉式包装盒

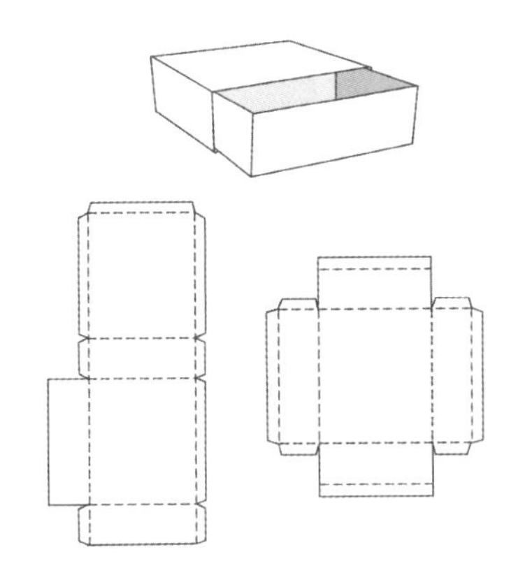

图3-11　抽屉式包装盒的结构示意图

（五）便携式包装盒

便携式包装盒是指包装盒顶部带有提手或可提起的结构，便于将包装盒直接提起和携带。这种形式的包装盒在食品、日用品、礼品礼盒中应用较多（图3–12）。便携式包装盒的结构样式如下图（图3–13）。

图3-12　便携式包装盒

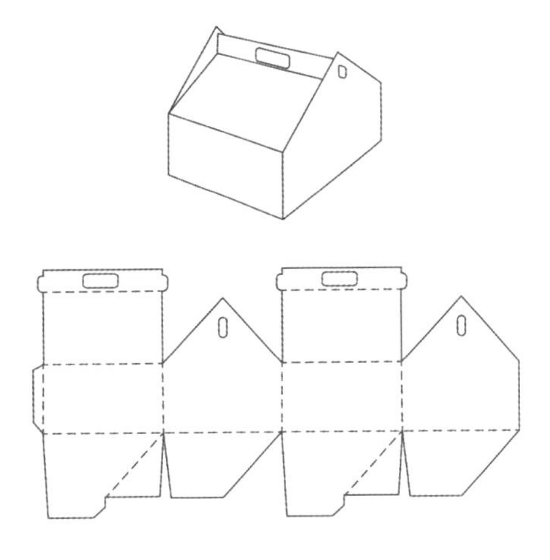

图3-13　便携式包装盒的结构示意图

（六）开窗式包装盒

开窗式包装盒是指在包装盒的盒体上进行镂空处理，其镂空部分多以透明塑料材质进行填充，以达到展示包装内容物的作用（图3–14）。开窗式包装盒的结构样式如下图（图3–15）。

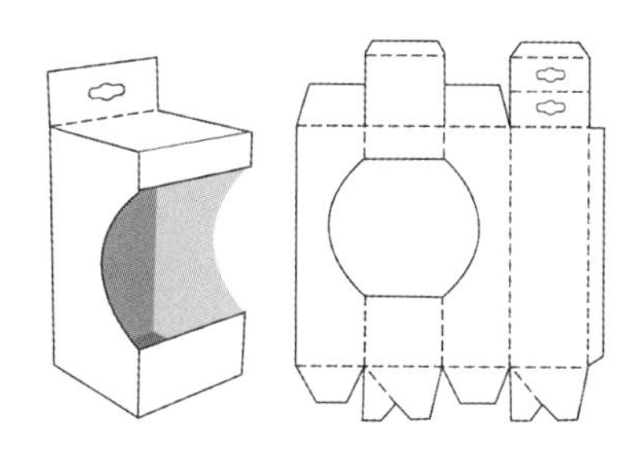

图3-14　开窗式包装盒

图3-15　开窗式包装盒的结构示意图

（七）异型式包装盒

异型式包装盒是指包装盒的造型没有固定盒型，可以根据产品的特点和盛放需要进行特殊形状的设计，其特点是不受规则盒型的束缚，样式多变、以造型体现创意（图3-16）。异型式包装盒的结构样式如下图（图3-17）。

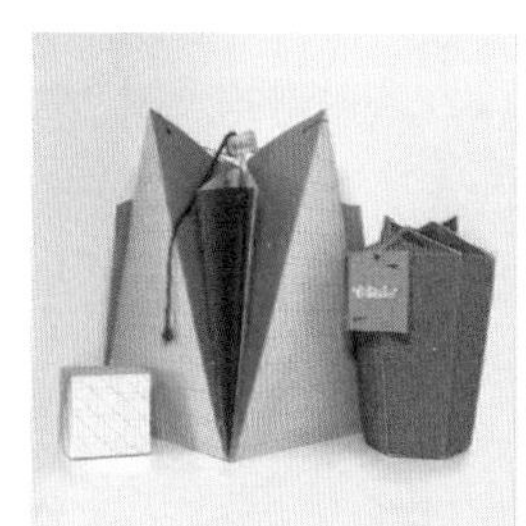
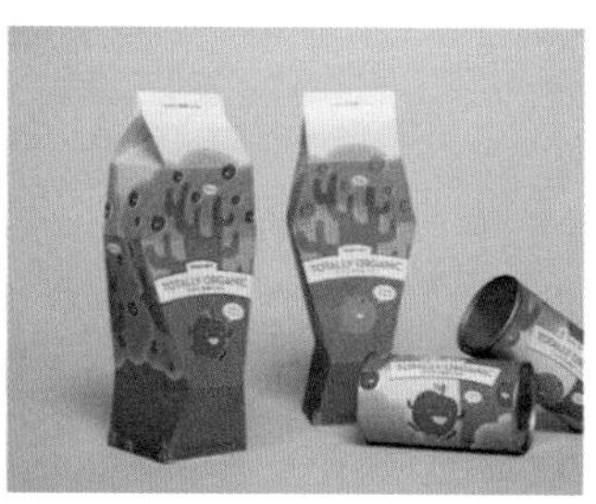
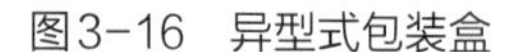
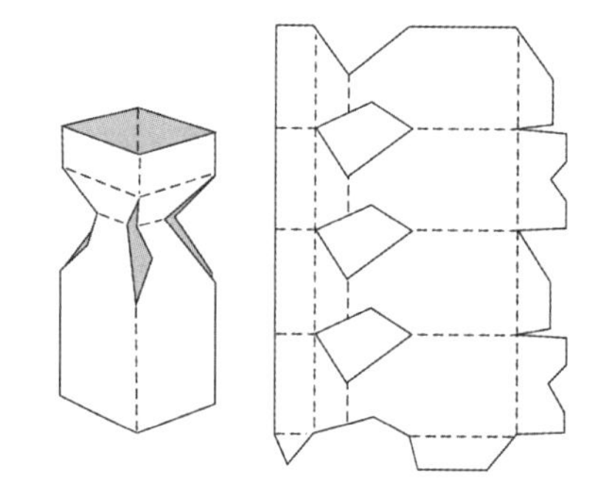

图3-16　异型式包装盒

图3-17　异型式包装盒的结构示意图

（八）仿生式包装盒

仿生式包装盒是一种特殊的异型盒，以模仿自然界中的形态，如人物、动物、植物、自然景观等进行造型设计，使其造型生动细致，具有生命力，蕴含特殊的意义和美感（图3-18）。仿生式包装盒的结构样式如下图（图3-19）。

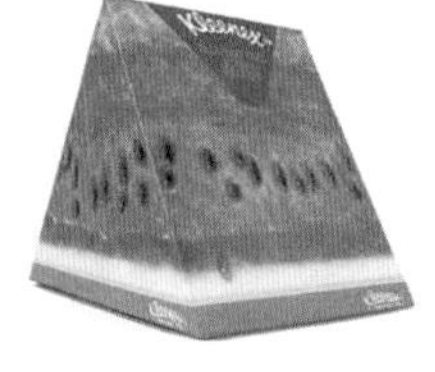
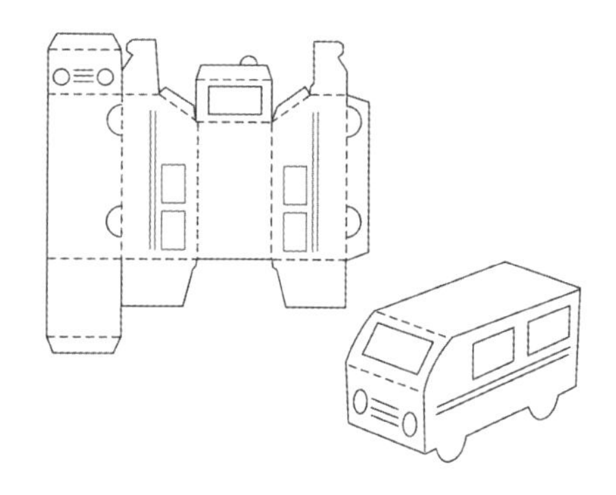

图3-18　仿生式包装盒

图3-19　仿生式包装盒的结构示意图

(九)陈列式包装盒

陈列式包装盒是指包装盒在满足商品盛放、保护等基本功能的基础上，在摆放时还能达到展示商品、充当简易“货架”的功能(图3-20)。陈列式包装盒的结构样式如下图(图3-21)。

图3-20　陈列式包装盒

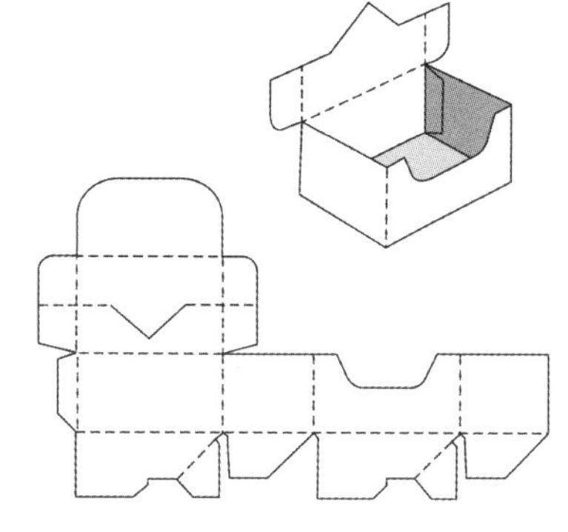

图3-21　陈列式包装盒的结构示意图

四、纸盒包装结构的设计原则

纸盒包装是商品包装中最为常见的形式之一，且具有易折叠、易成型、易黏合以及成本低等优点，在包装领域内被广泛运用。纸盒包装的结构能直接影响包装的实用性与美观性，因此在设计时需要考虑以下几项原则。

(一)利于保护与盛放内容物的原则

包装对内容物的保护与盛放功能是其最主要且最基本的功能。不同的商品在材质、造型等方面具有不同的特点，对于包装的结构也提出了不同的要求。因此在设计纸盒包装时，应该特别注重其内部结构，必须适合内容物的形态以及性质。要做到结构合理，使内容物在盒中固定摆放、避免破损，同时利用合理的内结构达到空间最大限度的利用。(图3-22、图3-23)

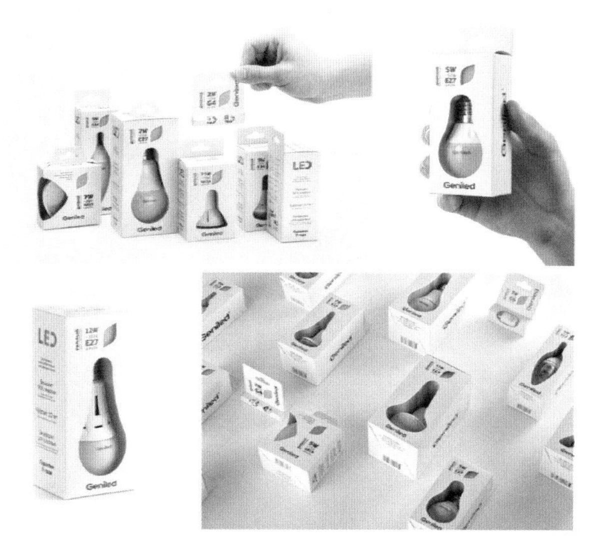

图3-22　Geniled灯泡包装设计

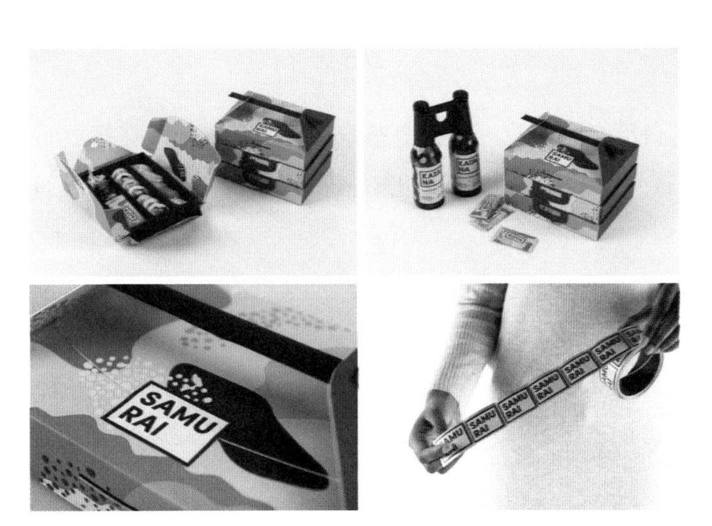

图3–23　SAMURAI日式餐盒包装设计

（二）新颖美观的原则

随着现代人生活水平的提高，人们的审美水平也不断提升，当消费者的所闻所见越来越广泛时，他们对商品包装设计的审美要求也不断提高。包装结构的创新设计是做好包装设计的重要思路之一，能够使包装设计具有新颖的外观、巧妙的结构、完善的功能，成为包装设计成败的关键，这对于激发消费者的关注与购买欲望具有重要作用。（图3–24、图3–25）

图3–24　Under Armour运动产品包装设计

图3–25　SAIKAI茶点包装设计

（三）便于使用的原则

精美和具有创意的包装设计能够第一时间吸引消费者的关注，但包装造型与结构的合理性，带给消费者在使用方面的便利的同时，更能体现设计的人文精神。当包装既可以达到消费者的审美要求，又可以满足消费者在使用、携带、存储商品时的具体需要时，就会极大地促进消费者对商品的认可，使包装设计不仅停留在外观创意的层次，而且更能深入对审美性与实用性结合的人本主义精神层面。（图3–26、图3–27）

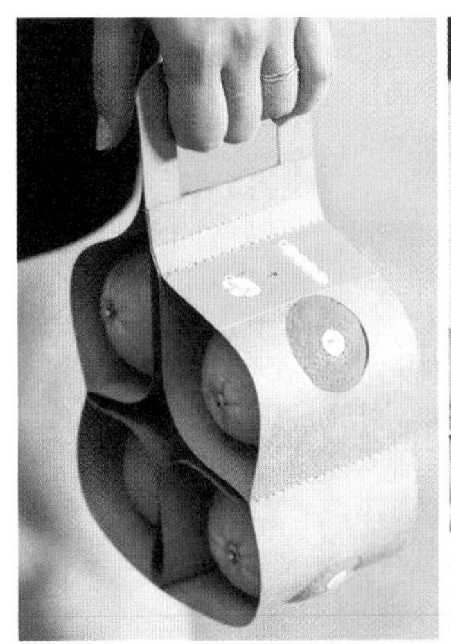
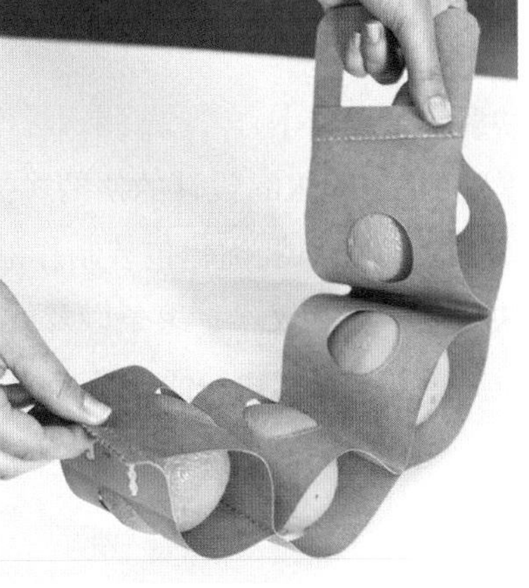

图3-26　VitaPack橙子手提式包装设计

图3-27　麦当劳外卖包装设计

（四）控制成本与注重环保的原则

包装纸盒的材料与制作成本相对较低，同时较便于回收与二次利用。在设计中，应当将这些特点最大限度地进行发挥，结合新材料和加工制作工艺，以及环保的设计理念，使纸盒包装在成本控制与环保设计方面发挥其优势，不可一味地追求外包装的精致与奢华以及图案的色彩夺目，而应该将设计的重点回归到包装最初的功能上，即运用适当的材料、合理的结构，以及能够展示商品优势与特色的外观设计。（图3-28、图3-29）

图3-28　便携式红葡萄酒包装设计

图3-29　环保材质鸡蛋包装设计

五、纸包装设计案例分析

【案例：Ogo Burger便携快餐包装设计】

此款设计是罗德岛设计学院的Seulbi Kim设计的便携式快餐包装，创意出发点是运用巧妙的结构设计减少包装材料的运用以及优化包装制作的工序，以达到降低成本和环境保护的目的。此设计将快餐店销售的汉堡、薯条以及饮料一次性打包且方便携带，不但减少了包装材料的用量，更实现了外卖快餐便捷携带的功能。（图3-30）

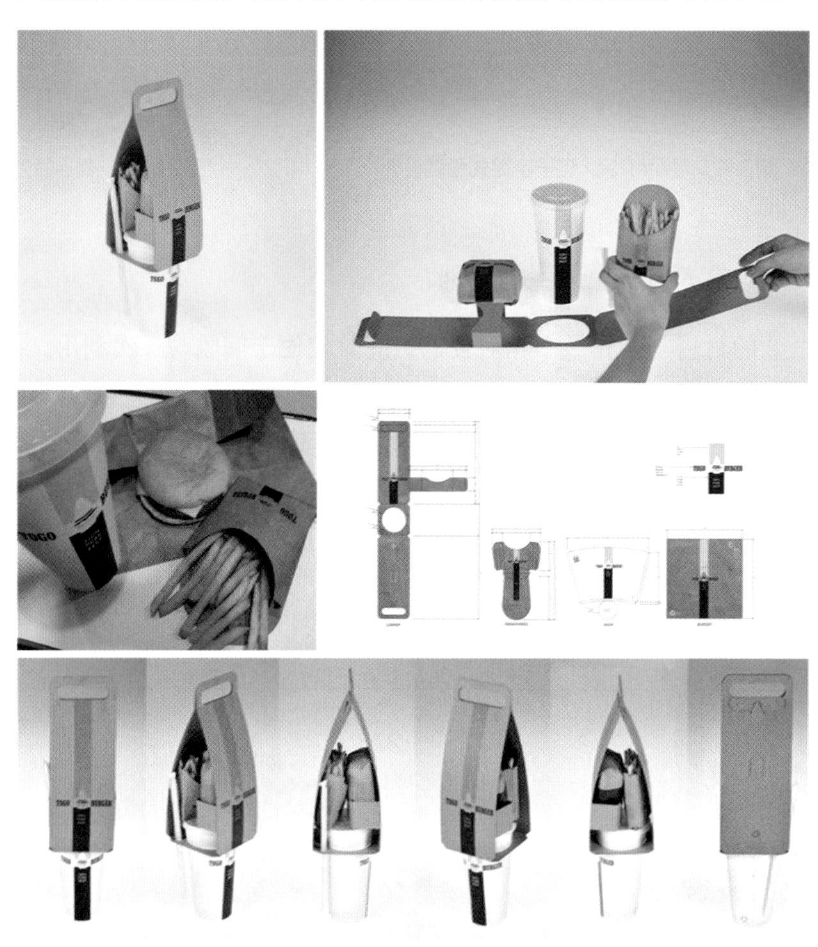

图3-30　Ogo Burger便携快餐包装设计

【案例：ZigPack酒包装设计】

本款设计为ZigPack酒包装设计，设计灵感来自环保理念和方便携带的功能。包装材质选用具有一定承重能力的牛皮纸板，不但可循环利用，更可以在不用时折叠成薄薄的纸板方便收纳。此包装在使用时将之拉开即可变成Z字形结构，中间为三个大小不同的圆孔用以固定酒瓶。使用者只需要提起顶端的提手，便可使酒瓶在自身重量的作用下被轻松提起。（图3-31）

图3-31　ZigPack酒瓶提手包装

【案例：自定义模块鸡蛋包装设计】

本设计为一款使用非常便利的鸡蛋包装。一般的鸡蛋包装盒能有效保护鸡蛋免于磕碰，但却存在占据空间的问题。本设计采用可撕裂式盒体，使盛放每一枚鸡蛋的单位小盒都可沿虚线撕下单独取用，在储存时可方便使用者根据空间随意撕开盒体并组合成不同的行数与列数，也便于使用者将食用完毕的单位小盒取出，以达到节约空间、合理利用空间的目的。（图3-32）

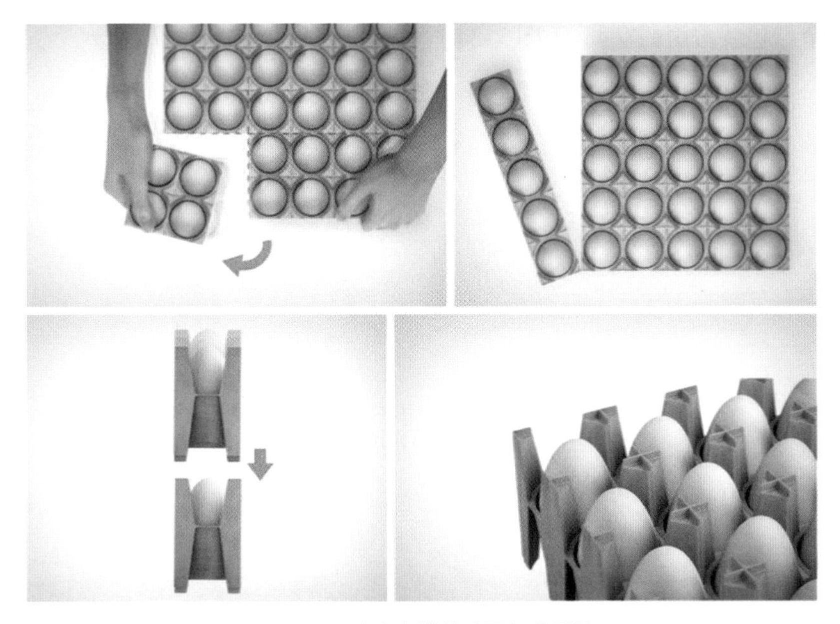

图3-32　自定义模块鸡蛋包装设计

【案例：Top Paw便携狗粮包装设计】

本设计是一款典型的便携式包装盒。作为宠物狗粮的包装，这款设计特别考虑到了遛狗时喂食的需要，在纸盒结构上特意设计了提手，方便外出携带，以及在侧面设计了易于开启与闭合的开口结构，真正考虑到了使用者现实的使用需求。（图3-33）

图3-33　Top Paw便携狗粮包装设计

【案例：GreenBox比萨包装设计】

这是一款可撕成小盘子的比萨纸盒包装，食用者可依照纸盒预先裁切过的虚线将盒撕开，使纸盒成为独立的小盘。这一设计使用方便且易于保持洁净。当整个比萨无法一次性食用完毕时，可将纸盒的另一半折叠盖回，既能避免比萨长时间暴露在空气中，又能节省包装占用的空间。（图3-34）

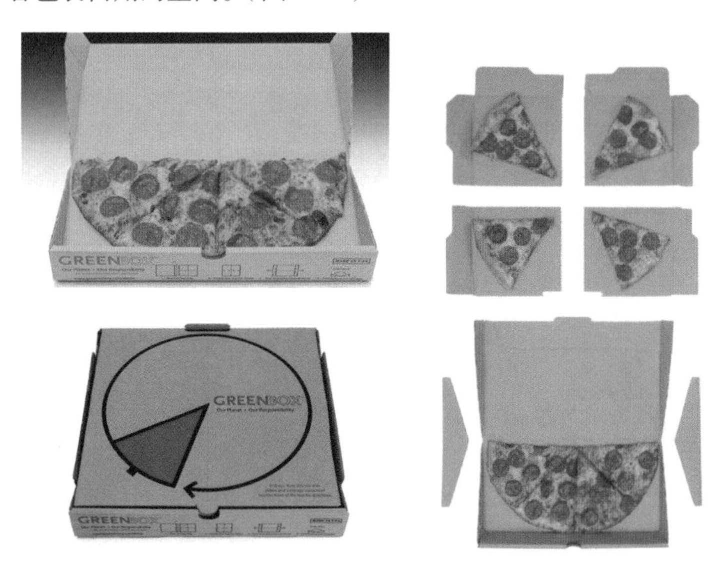

图3-34　GreenBox比萨包装设计

六、实训步骤

纸盒是由若干个面组成的立体造型，是通过面的折叠、包围、连接而成的多面体。面在空间中起分割空间的作用。通过对面的折叠和切割可得到不同的造型，这体现出不同的形式美感。在对纸盒的造型进行设计时，要充分考虑其体量感、质感以及结构的合理性，并结合节奏与韵律、对比与调和、变化与统一等形式美法则设计出形象美观、结构合理、材质恰当、富有情趣的纸盒造型。

纸盒结构的设计与制作，包括了以下几个步骤：实训主题分析、市场调查、明确思路定位、创意思维发散、草图设计、纸盒实物制作、作品展示。

（一）实训主题分析

对纸盒结构设计的实训主题进行分析是工作的第一步。纸盒结构的训练侧重于让学生了解纸盒的立体造型特点以及结构制作方法，因此在对选题的分析过程中应尽可能考虑结构和材料的合理性，尤其是纸盒各展示面之间的衔接关系，以及不同类型纸盒的制作要点。

本实训主题为系列纸盒设计，要求学生以纸材料为主，设计并制作一组系列纸盒，同时将开窗式、异型式、携带式、陈列式等形式融入设计中，探讨新颖的纸盒造型与结构，兼具统一性与个性。

（二）市场调查

1. 调查地点

市场调查以围绕纸盒结构这一主题进行，考察地点可以是商场内各大品牌专柜、超市内与主题相关的商品货架、能够获得相关资料收集的图书馆、纸包装印刷制作机构等。

2. 考察内容

考察内容为国内外品牌纸盒的结构与造型设计；收集国内外包装纸盒设计案例；对纸盒包装的制作与印刷技术等信息进行了解。

3. 调查方法

在品牌专柜实地观看、记录和拍摄有关纸盒包装作品的照片、视频等影像资料；对纸包装制作与印刷的专业人员进行实体调研并访谈；利用图书馆和网络查阅纸盒包装的设计案例和其他相关信息。

4. 调查成果

要求学生以调查报告的形式提交成果，调查报告应包括以下内容，如国内外纸盒包装设计的优秀案例分析；本主题纸盒包装设计的思路分析。

（三）明确思路定位

在市场调查的基础上对调查结果进行整理形成调查结果。通过对调查结果的分析，确定设计的大致思路。学生根据自己对纸盒设计的理解，结合个人的兴趣点以及专业特长获得关于系列纸盒设计的思路，并将其进一步细化为可实施的方案。

（四）创意思维发散

学生在形成大致思路之后，进行思维发散，即通过头脑风暴法、思维导图法等方法将思路多方向进行发散，从纸盒的造型、结构、装饰外观等方面获得具体的设计思路，并对各个思路进行深入分析，从中找到最具可实施性的方案继续细化。

（五）草图设计

在获得可实施性的方案后，进入草图的设计阶段，将具备可实施性的思路绘制出来，包括纸盒的外形轮廓、纸盒的内部结构、纸盒外观的装饰细节等，综合考虑材质、色彩、图案、制作方法等因素，再对多个草图方案进行对比，选择最优方案深入推敲、刻画细节。

（六）纸盒实物制作

纸盒的制作可以使用牛皮纸、卡纸、铜版纸、特种纸等材料（图3-35），可根据设计思路的需要，以及不同纸张的质地特点进行有针对性的选择，同时，要适合包装盒折叠、切割等制作。

本次实训以纸作为主要材料，学生根据草图在纸张上绘制包装盒的平面展开图，确定基本的造型和尺寸规格，再对图纸进行切割、折叠、黏接等操作，完成系列包装盒的设计与制作。（图3-36）

图3-35　制作纸盒的各种卡纸、牛皮纸、特种纸

图3-36 学生制作系列纸盒

（七）作品展示

本次纸盒设计实训的部分作品展示如下（图3-37至图3-44），包括多种设计思路和创意表现方法。

图3-37 馨香茶包概念包装设计 王瑶

图3-38　婚礼系列纸盒包装设计　张敏

图3-39　纸盒包装设计　刘璐

图3-40　纸盒包装设计　王茜

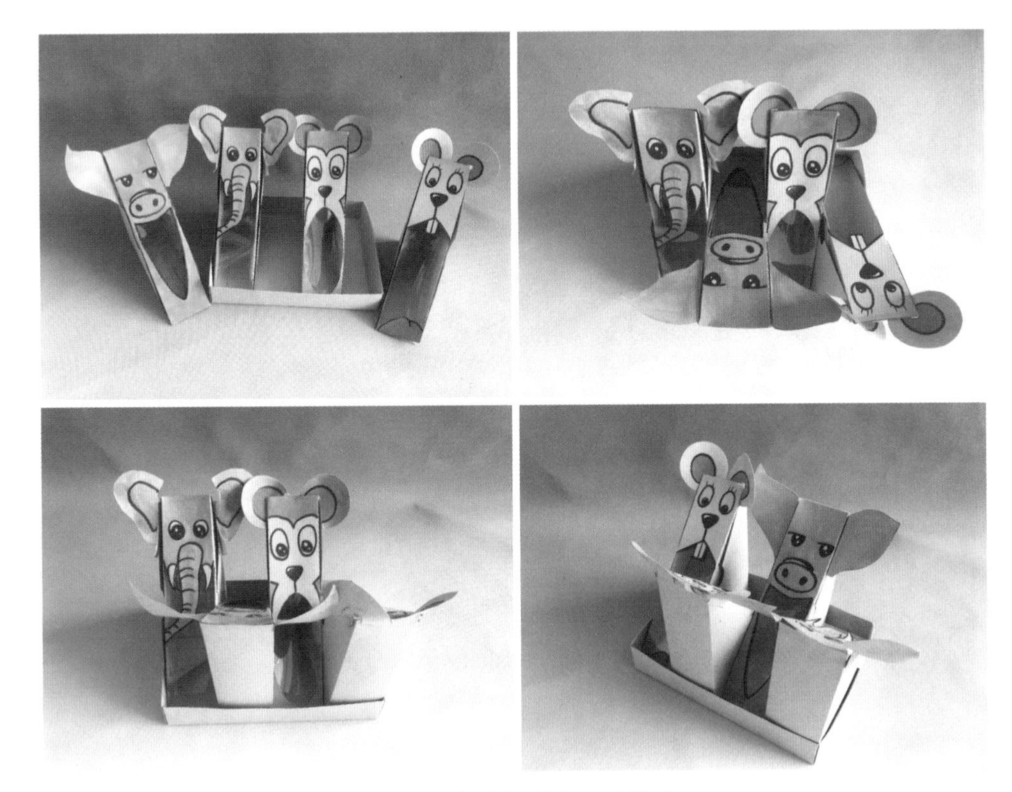

图3-41　纸盒包装设计　刘佳鑫

图3-42　纸盒包装设计　王瑶

图3-43　纸盒包装设计　张恩铭

图3-44　纸盒包装设计　许丽雪

chapter

04 第四章 包装的视觉设计与实训

一、实训项目介绍

实训主题：包装的视觉设计。

实训内容：包装的视觉设计与实物制作。

实训课时：16课时。

实训要求：要求学生在16课时内完成包装的整体设计，包括包装的外观设计与实物制作，要求包装与商品属性及品牌定位相符合，做到包装结构合理、造型新颖、外观美观、造价合理，能够具备对商品的保护功能，同时，便于运输，方便加工与回收。

实训目的：通过对包装整体设计与实物制作的学习，学生可以了解包装整体设计的流程与方法，尤其是对包装的视觉元素有深刻的理解，重点练习包装的视觉元素如文字、图形、色彩、构图等设计，并在考虑包装造型与材质的同时，运用适当的视觉元素完成包装外观的视觉设计。

二、包装设计的视觉要素与表现

包装如同商品的外衣，不仅能够起到保护商品的作用，更是展示商品特色与信息的重要载体。在商品进行展示的过程中，文字、图形、色彩这些视觉元素是非常重要的。设计师通过对各种视觉元素的组合，达到表现创意和美观的目的，切实地将产品的各种信息进行展示。包装设计的作品在某种程度上即视觉元素的组合，因此设计师需要对各种视觉元素进行了解，并掌握在包装设计中运用各种视觉元素的能力。

包装视觉设计是在商品包装的外观上加上一定的文字、图案、色彩等装饰，用以保护、美化和宣传商品的一种形式。视觉设计要从产品、消费者和销售三个方面加以全面推敲研究，使设计具有良好的识别性、强大的吸引力和说服力。包装视觉设计不是单纯的画面装饰，而是产品信息与视觉审美相结合的设计。如果说包装的造型与结构体现了其物质性的功能，那么包装的视觉设计则更侧重于体现设计创意、商品优势以及品牌文化。

（一）包装图形的表现

1. 包装图形的类型

（1）产品相关形象

产品相关形象包括与产品直接相关的产品实物、产品产地形象、产品原材料形象、产品使用方法等示意图。（图4–1）

（2）标志形象

包装中的标志形象是指品牌商标、质量认证标志、其他类型质量安全认证标志，它是行业组织对商品质量或标准的认证。

图4–1　表现产品形象的包装图案

图4–2　Oleos葵花籽油包装设计

商标是商品生产商在其生产、制造、加工、拣选或者经销的商品上或者服务的提供者在其提供的服务上采用的，用于区别商品或服务来源的，由文字、图形、字母、数字、三维标志、声音、颜色组合，或上述要素共同组合的具有显著特征的标志，是现代经济的产物。（图4–2）

在商业领域而言，商标包括文字、图形、字母、数字、三维标志和颜色组合，以及上述要素的共同组合，这些要素均可作为商标申请注册。经国家核准注册的商标为“注册商标”，受法律保护。商标通过确保商标注册人享有用以标明商品或服务，或者许可他人使用以获取报酬的专用权，而使商标注册人受到保护。

此外，常见的质量安全认证标志主要有质量安全认证、绿色食品标志、符号标识、绿色环保标志、国家著名品牌标志、回收标志等，一般位于包装设计的次要位置。

（3）消费者形象

消费者形象是指，在包装上直接运用商品消费对象作为图案，更能引起消费者产生共鸣。（图4–3）

图4–3　Honey Kid儿童用品包装设计

（4）象征型形象

象征型形象是指，将商品以及与商品相关的事物进行处理，如采用比喻、夸张、拟人等手法提取其精髓并以图形化的形式加以表现，间接展示商品形象与特点。（图4–4）

图4–4　月影东方月饼包装设计

（5）商品包装条形码、二维码

条形码、二维码包含了企业、品牌、产品的全面信息，使商品在流通、管理和销售等环节中可以被快速识别，是包装中不可缺少的商品身份识别。

2. 包装图形的表现手法

包装图形有产品图形、商标图形、文字变化图形、辅助装饰图形、借喻图形等几种表现形式，表现手法分为具象表现、抽象表现、意象表现。

（1）具象表现

具象表现主要是以表现产品、真实反映产品或相关形象的原貌为主。这种形式能让人一目了然地了解产品信息，比文字描述更直观和具体（图4–5）。具象表现既可将对象做适当夸张，使其特点更加鲜明，增加视觉冲击力；也可将具象形象进行拟人化、卡通化、装饰化的处理，使其更加生动、富有情趣。

图4–5　Global Village果汁包装设计

（2）抽象图形

抽象图形是指将产品及其相关形象进行抽象化处理，如抽象成为自由形、几何形、点线面等代替产品自身的形象，重在体现商品的特质，渲染整体氛围。（图4–6）

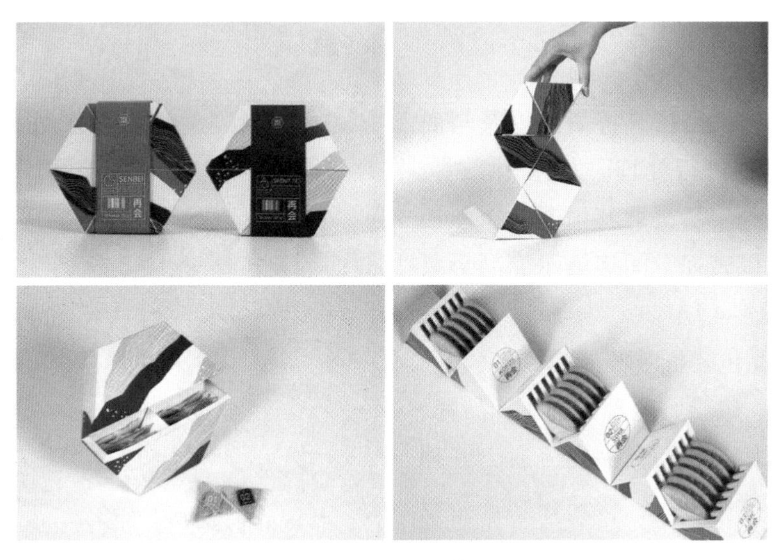

图4–6　再会茶点包装设计

间接表现是一种内在、含蓄的表现手法，即包装画面上未直接展示商品的形象，而采取借用其他与商品相关联的事物（如商品所使用的原料、生产工艺的特点、使用对象、使用方式或商品功能等媒介物）来间接表现该商品。一些酒类包装、礼品包装、化妆品包装、药品包装等往往采用间接表现的方式。（图4–7）

图4–7　Babees蜂蜜包装设计

（3）意象表现

意象表现是指从人的主观理想化的角度表现实际上并不存在的形象或概念。如中国传统图案中的龙、凤，国外的美人鱼、人面狮身形象，以及由人设计出的各种想象中的人物、动物等，在设计中的应用都较为广泛。（图4–8）

图4-8　东方美月饼包装设计

（二）包装文字的表现

文字作为包装设计中的重要视觉元素之一，是向消费者传达商品信息的一个直接途径，不仅能够准确有效地展示商品的详细信息，又能通过文字的创意设计增加包装的艺术美感。文字在包装中的应用要符合包装设计的总体要求，传递产品信息的同时提升包装的美观度，达到促销以及体现创意的目的。

1. 文字设计要素的组成

（1）品牌形象文字

品牌形象文字主要包括商品品牌名称、商品名称、企业名称等，一般安排在商品包装的主要展示面上，企业名称有时也可编排在包装背面或侧面。这些文字代表的是品牌的形象，是包装首要展示的重点的内容，能够让消费者明确识别品牌。（图4–9）

图4-9　突出品牌形象文字的包装设计

（2）广告宣传性文字

广告宣传性文字即包装上的广告语或促销口号，安排在主要展示面上，起到突出、醒目的作用。注意在设计时不要对品牌名称、产品名称等信息产生干扰，避免喧宾夺主。（图4–10）

图4-10　皇圃茶饮包装设计

（3）功能说明性文字

功能说明性文字是书写在包装上的关于商品信息详细介绍的说明性文字。（图4–11）

包装应详细展示商品的具体信息，如产品用途、使用方法、功效、成分、重量、体积、型号、规格、生产日期、厂家信息、保养方法、注意事项等。这类说明文字有相关的行业标准和规定约束，具有强制性，可根据商品的档次、包装的结构等安排其位置，也有在外包装不显示其说明性文字而是另附说明书置于包装内的情况。

图4-11　T15缤纷组合茶包的包装设计

2. 包装文字的设计应用

（1）包装文字的设计原则

可读性：保证文字能够被清晰识别。

从商品内容出发：包装文字设计的目的是对商品的信息进行描述，因此设计要符合商品的特征，与商品卖点、形象保持一致。（图4-12）

图4-12　HAPS五金工具包装设计

（2）品牌文字的表现手法

包装文字的设计时可采用多种思路，如笔形装饰、借笔与连笔、重构编排、图文并茂、形象化、手写体等方式。（图4-13、图4-14）

图4-13　Bio食品和饮料包装设计（Supper studio）

图4-14　世家台湾精选茗茶包装设计

笔形装饰：对文字进行图案化、立体化等效果的装饰变形。

借笔与连笔：采用文字笔画共用的方式，将文字整体或部分进行连接。

重构编排：将文字笔画或字母打散后重新编排。

图文并茂：使用图形在文字内部或周围进行装饰，使图形成为文字设计表现的一部分。

形象化：将文字与具体形象结合进行变形。

手写体：以手写的艺术形式描绘文字。

（3）功能性说明字体的表现手法

功能性说明文字要具备高效和准确传达信息的功能，因此要采用可读性强的印刷字体，达到易于识别的目的，如使用黑体字、宋体字等。宋体字具有历史感，庄重、简洁有力；而黑体字字色较深，庄重大方、醒目，适合于各类型商品的说明性文字使用。（图4–15）

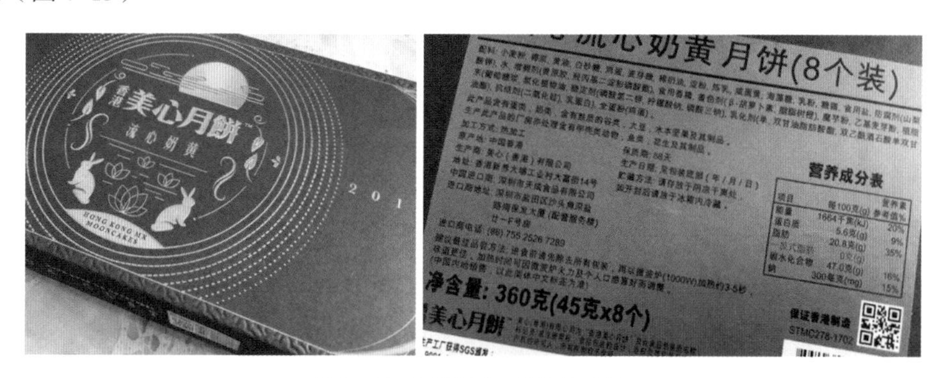

图4–15　香港美心月饼包装设计

（4）拉丁文字的表现手法

商品流通的全球化使拉丁文字在国内包装中越来越常见。设计师需要在设计时处理好拉丁文字与汉字结合的关系，遵循风格和谐、大小和谐、颜色和谐的原则。（图4–16）

图4-16　沙利文月饼包装设计

（三）包装色彩的表现

色彩在任何设计形式中从来都不是孤立存在的，它与图形或文字结合，用色彩自身的感染力去配合产品形象。色彩对人视觉的影响力极大，在很多情况下甚至超越了图形与文字，但却不能孤立存在，需要具体的图形和文字作为载体，因此，色彩与图案、文字的效果是相辅相成的。

1. 包装设计中的色彩类型

（1）标志色彩在包装中的运用

标志色彩属于品牌整体形象中的一部分，来源于品牌的标准色。在包装出现之前，标志已经存在，包装作为品牌整体形象的一部分，其色彩也要依据和参照标准色而设定。统一的标志色彩也许不能与所有包装色调相和谐，这就需要进行细微的调整，参考商品自身的特征以及品牌的辅助色进行设计。（图4–17）

图4–17　RUBEDO辣酱包装设计

（2）产品形象色彩在包装中的运用

此方式是指将产品的色彩作为包装主色调进行设计，如咖啡使用的咖啡色、橙汁使用的橙色等，直观地展示产品自有的颜色。（图4–18）

（3）象征色在包装中的运用

此方式是指用色彩的象征意义表现商品的特点，如绿色表现环保、红色表现喜庆、金色表现华贵高档等。（图4–19）

图4–18　Nahed啤酒包装设计

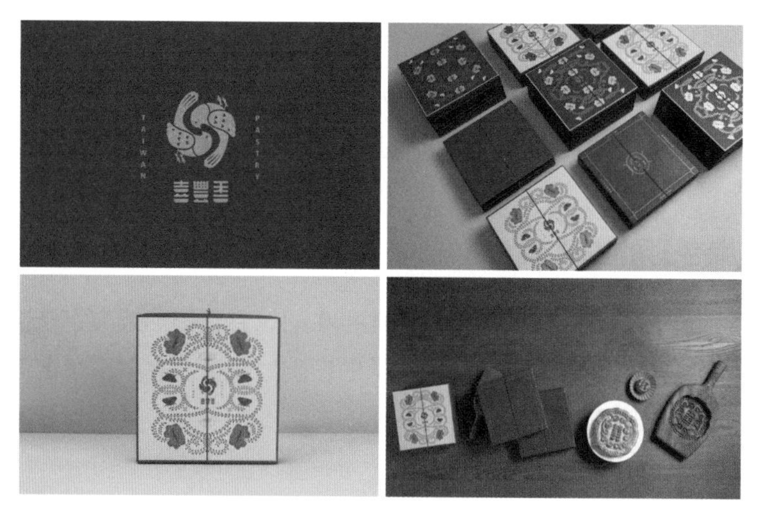

图4–19　台湾喜丰香汉饼包装设计

2. 包装色彩的设计原则

（1）品牌形象的整体化原则

对于已建立整体形象的品牌来说，其包装与整体品牌的形象应保持一致。使用品牌的标准色、辅助色，可便于品牌整体形象的塑造。但是，品牌在进行推广和拓展时，面临着开发新产品的需要，新产品在色彩上既需要有所突破，又要与原来的色彩的运用保持一定的联系。（图4–20）

图4–20　PUMA运动鞋包装设计

（2）识别性的原则

在商品选购环境中，尤其是自助式零售区域中，色彩最重要的功能之一是为产品分类，即对不同品牌、不同系列的产品进行区分。消费者在长期购买经历中会获得关于色彩的固定印象，如口香糖中的蓝绿色代表薄荷味、橙黄色代表柠檬橘子味，紫色代表葡萄、蓝莓味等。设计时可利用消费者的固定认识作为依据，让色彩成为商品分类的助手。（图4-21）

图4-21　obi系列饮料包装设计

（3）心理情感原则

不同的色彩给人的视觉感受是有差异的，很多时候需要通过色彩的这一特征帮助体现产品的特色。如膨化食品的特点是高热量、口味浓重，在色彩运用上多用鲜艳的暖色调，展示很饱满、充实、香甜味道的感觉。再如汽水的特点之一是清爽解渴，有些设计就会使用清淡的冷色调传达清新爽朗的感觉。（图4-22）

图4-22　利用消费者色彩心理的包装设计

（4）系列化原则

系列化包装的色彩设计要注意色彩的组合关系，包装的色彩要与品牌整体形象色彩相一致，同时体现各自的特点。（图4-23）

图4–23　NEWBY茶叶罐包装设计（Murat Ismail）

（5）消费者差异原则

不同性别、年龄、职业、教育层次、文化背景下的消费者对色彩的喜好具有差异，这种差异的造成是一个非常复杂的过程，涉及心理、生理、文化、历史等方面，可为包装设计提供一些依据与思路。在设计时应注意不能趋于教条化，而是将其作为一个参考因素以及设计方向的指导。（图4–24）

图4–24　Jean Paul Gaultier Love Actually情侣香水

3. 不同类商品的色彩运用

医药保健品类：常用白色、蓝绿色等冷色体现安全性和理性，适合医药类注重健康与保健的特征。中药则常用棕黄色系、深红色等体现我国传统色彩观。（图4–25）

图4–25　PH Mega Greens保健品包装设计

食品类：常用暖色调、食品本身的颜色、绿色，体现食品新鲜、营养与环保安全等特点。（图4–26）

图4–26　Le Caramelle糖果包装设计

化妆日用品类：依据品牌的特色以及目标消费者群的特征进行设计。（图4–27）

图4–27　ETNIA化妆品包装设计

儿童用品类：常用鲜艳的色彩刺激儿童的色彩感觉，提升儿童对商品的注意力。（图4–28）

图4–28　Jupík儿童饮料包装设计

电子产品类：常用银色、蓝色、黑白等冷色，体现科技感、现代感与冷静理性化。（图4–29）

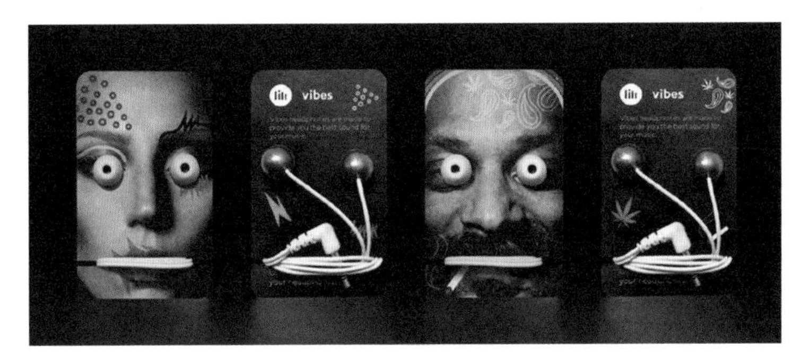

图4–29　Vibes耳机包装设计

（四）包装视觉元素的编排设计

包装视觉元素的编排设计是指把图形、文字及色彩等要素按照一定的逻辑和美感法则，在画面中进行组合，以符合美观以及展示商品信息的作用，达到商品促销的目的。在具体的设计中要考虑消费者的阅读习惯，便于消费者快速获取商品信息。同时有针对性地将视觉元素在版面上进行主次调整，以达到视觉信息逻辑清晰、重点突出的目的。（图4–30）

图4–30　FongCha茶包装设计（Hi Nio）

三、包装视觉设计案例分析

【Krasnogorie 火腿肠包装设计】

这款包装最大的亮点在于其图案的设计，Krasnogorie 火腿肠原料为新鲜牛肉，包装图案远看是模仿鲜肉纹理和色泽，但是近看会发现这些图案所描绘的却是商品产地特有的自然环境风貌。这一设计巧妙地将商品的原材料与产地进行了结合，视觉效果丰富而具有创意，并且极大地提升了商品的辨识度。（图4–31）

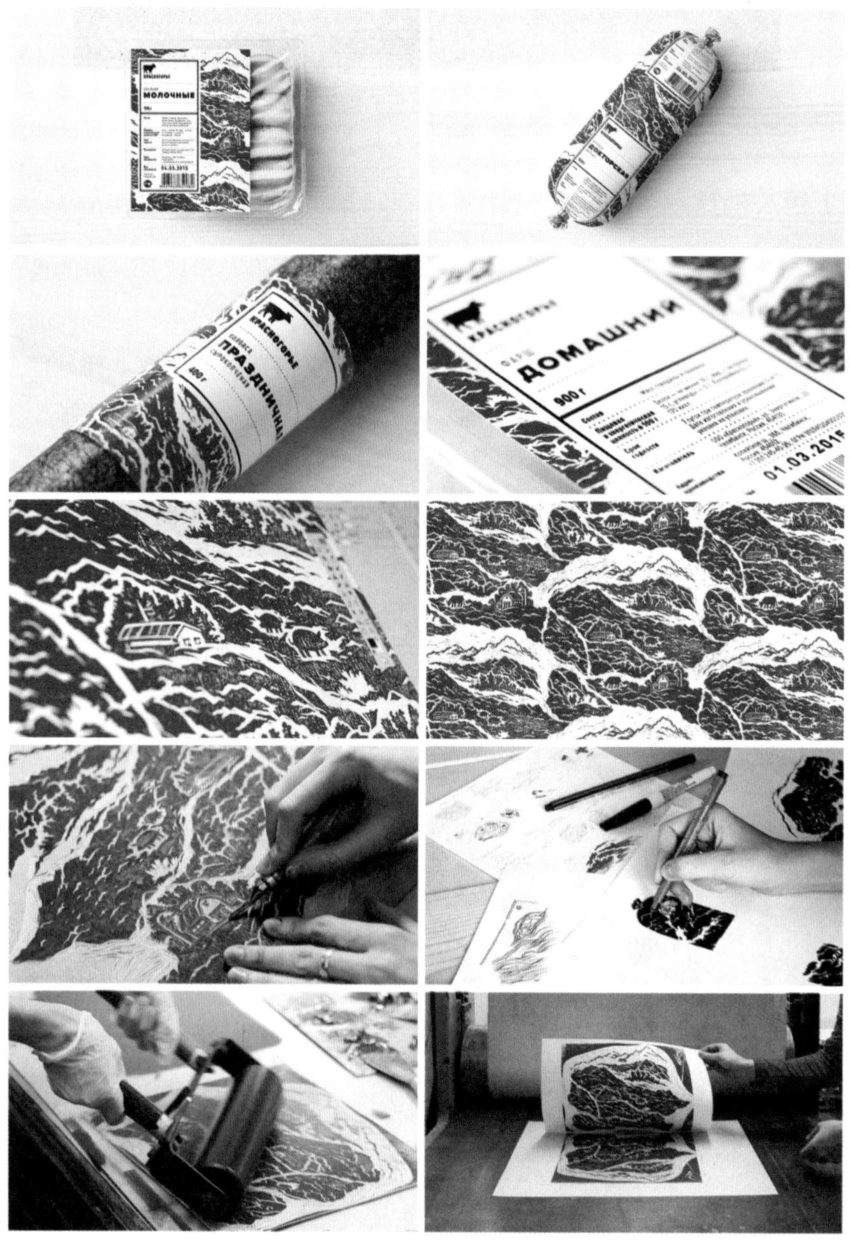

图4–31　Krasnogorie 火腿肠包装设计

【Trident口香糖包装设计】

本设计为Trident口香糖包装设计，包装为抽拉式结构，运用了开窗式结构，巧妙地将外包装图案、镂空结构以及内部口香糖产品三者结合，使口香糖成为包装图案的一部分，在直观展示商品之余也增加了包装的趣味性。（图4–32）

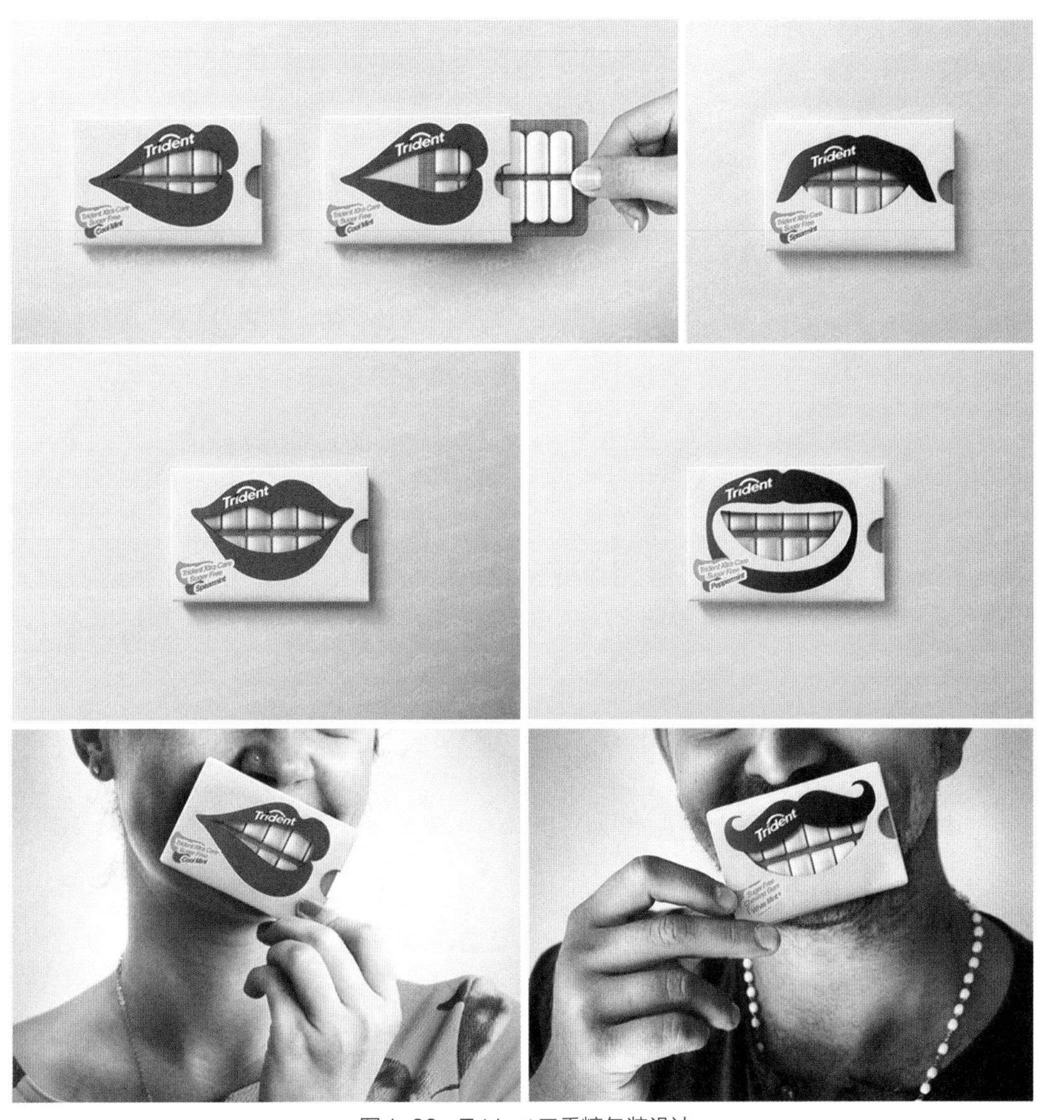

图4–32　Trident口香糖包装设计

【Sweetpia糖果包装设计】

Sweetpia是一款以儿童为主要消费对象的糖果品牌，在包装的整体外观上采用了粉红色为主的明亮色调，以可爱的儿童和小动物为主要角色绘制了主题卡通插画，应用在包装上。整体设计明快活泼，充满童趣。商品除糖果之外还特意增加了游戏棋，不仅将主题插画进行了延续，更使卡通形象超越包装图案，成为受欢迎的游戏角色，对

于品牌后续开发商品以及进行宣传非常有利。（图4-33）

图4-33　Sweetpia糖果包装设计（jungeun lee）

【24 T's创意茶】

本设计为24 T's创意茶包装设计，这款设计主要是针对其品牌名称中的字母“T”进行创意变形，并采用茶叶原料组成各种变形后的字母T，成为整个设计的主形象；再将变形后的字母T用镂空方式于包装盒上进行切割。通过字母的镂空透出盒内茶叶的形象，直观地展示了内部茶叶。（图4–34）

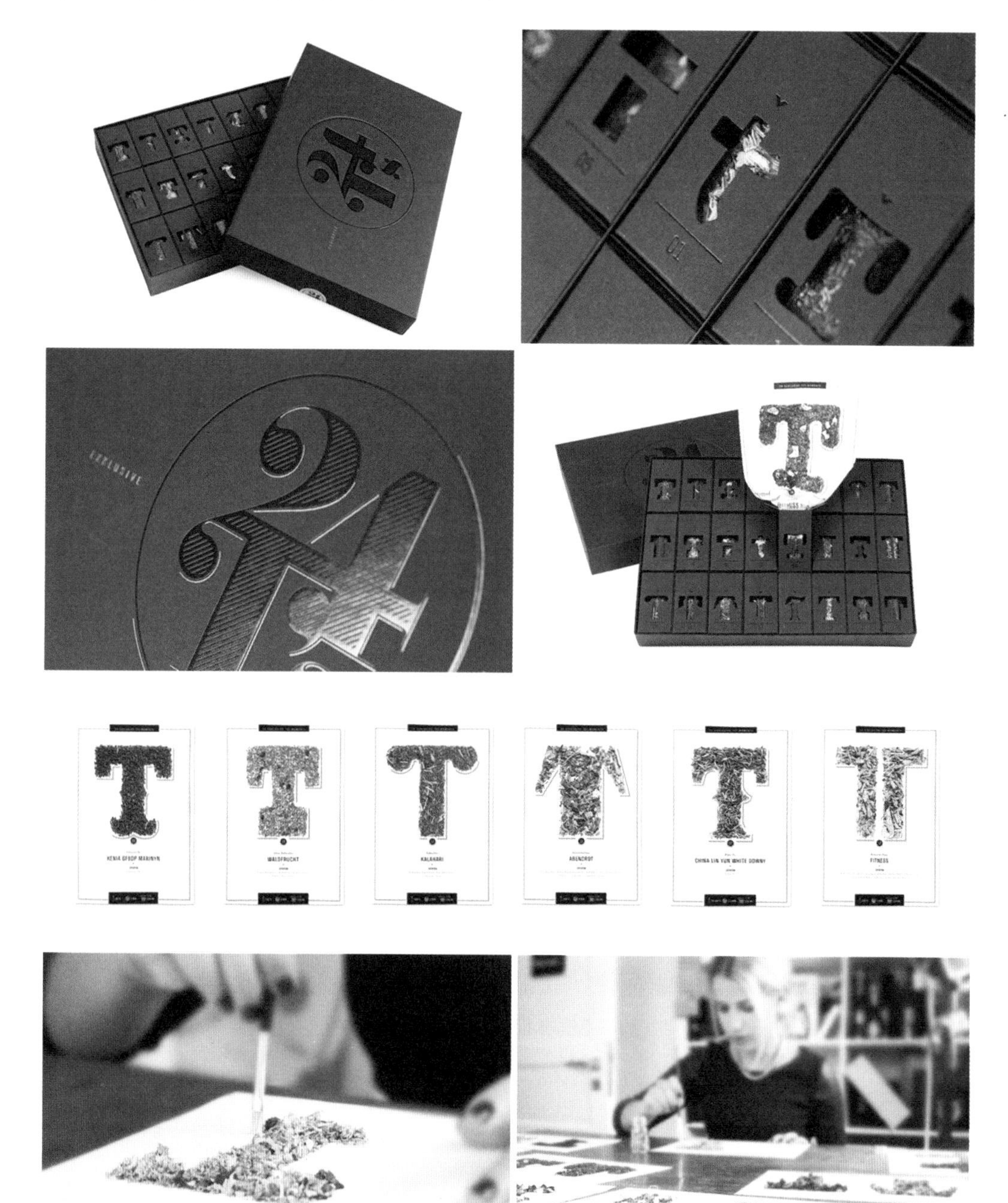

图4–34　24 T's创意茶包装设计

【Miin米酒包装设计】

本包装为韩国传统米酒Miin品牌的包装设计，整体设计以简洁风格为主，透明玻璃瓶展示了米酒浓郁的色泽，瓶盖以灰色纸包裹，瓶贴设计延续了简洁的风格，瓶身乳白色的背景上以文字为主要表现的形象，文字的字形纤细、笔画流畅，采用笔画共用的方式书写，使整体包装显得清新简洁。（图4-35）

图4-35　Miin米酒包装设计

四、实训步骤

（一）实训主题分析

本实训主题为包装设计的视觉表现，训练重点在于包装外观的视觉形象设计，包括包装外观的图形、文字、色彩、构图以及整体的版式设计，要求学生结合设计主题进行思维发散，对包装外观的各个视觉形象进行深入的思考以及创意表现，同时对包装的材质、造型、印刷制作等方面进行综合考虑，完成包装设计与实物制作。

（二）市场调查

1. 调查地点

市场调查以包装的视觉设计为主进行，考察地点既可以是商场内各品牌专柜、超市内商品货架、品牌专卖店等，也可以是能够获得相关资料收集的图书馆等。

2. 考察内容

考察国内外包装视觉表现方面的设计案例，主要针对包装图案、文字、色彩等元素进行收集；对包装的印刷技术、实物制作等方面的知识进行了解。

3. 调查方法

通过在品牌专柜实地观看、记录以及拍摄相关包装设计作品的照片、视频等影像资料，对商品的销售人员进行访问；利用图书馆和网络查阅有关包装视觉表现的设计案例和其他相关信息。

4. 调查成果

要求学生以调查报告的形式提交成果，调查报告应包括国内外包装设计的优秀案例分析、本主题包装设计的思路分析。

（三）明确思路定位

在市场调查的基础上对调查结果进行整理并形成调查成果。通过对调查成果的分析，确定设计的大致思路定位。学生根据自己对设计主题的理解，结合个人的设计特长及兴趣点确定设计定位方向，并进一步细化为可实施的方案。

（四）创意思维发散

在学生形成大致思路的基础上进行思维发散，通过头脑风暴法、思维导图法将思路多方向地进行发散，获得与设计主题相关的思路方向，并对各个思路深入分析，获得最具可实施性的方案以继续深入。

（五）草图设计

在获得可实施性的方案后，进入草图的设计阶段。将具备可实施性的思路绘制出来，包括外包装盒的结构与外观、内包装容器的造型与外观等，尤其是包装外观的图形设计、色彩搭配、文字设计，以及版式构图的设计方面，再对多个草图方案进行对比，选择最优方案深入推敲，将图形、文字等设计细节刻画到位，为电脑制作平面图，为电脑制作正稿做准备。

（六）包装平面图设计

在草图设计的基础上进行电脑制图，设计包括外包装盒的结构展开图与包装视觉外观设计、内包装或容器包装的结构展开图与视觉外观设计，注意内外包装的比例与规格，以及视觉表现的统一性。

（七）包装实物制作

在电脑制作平面展开图的基础上，将图纸进行打样，对包装外观上的视觉信息如文字、图形、色彩等进行校对，并对包装结构进行检查，校对与检查完成后，进行实物制作，选择适当的材质进行印刷并制作。

（八）作品展示

【学生作品：boys&girls饮料包装设计】（图4-36）

图4-36　boys&girls饮料包装设计（李金响）

【学生作品：WO化妆品包装设计】（图4-37）

图4-37　WO化妆品包装设计（顾宇）

【学生作品：H家甜品包装设计】（图4-38）

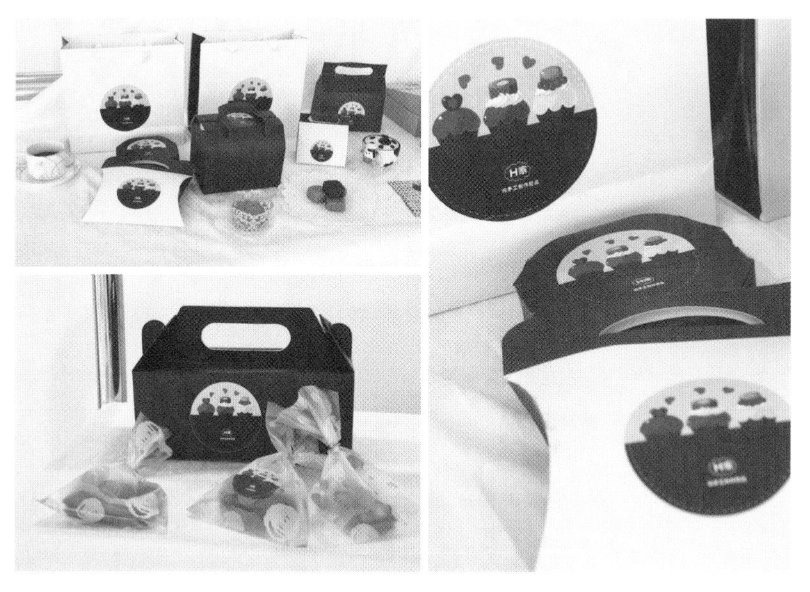

图4-38　H家甜品包装设计（刘丽莎）

【学生作品：源味酥糖包装设计】(图4-39)

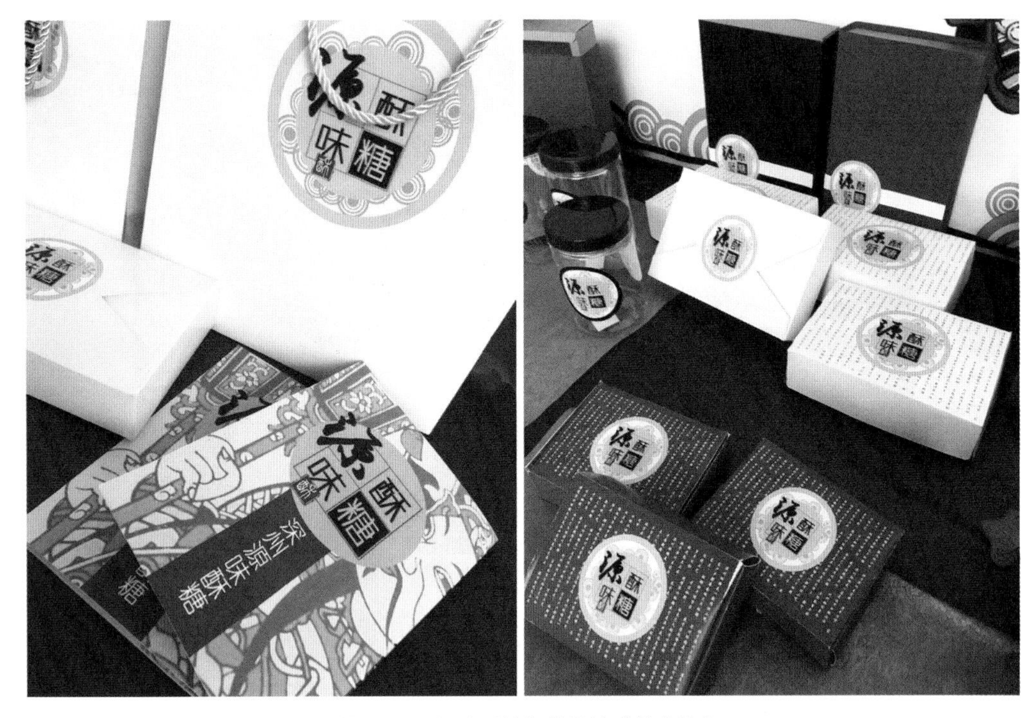

图4-39　源味酥糖包装设计(黄晓婉)

【学生作品：MILK牛奶包装设计】(图4-40)

图4-40　MILK牛奶包装设计(冉征征)

【学生作品：初物语糖果包装设计】(图4–41)

图4–41　初物语糖果包装设计(张巍)

【学生作品：狄安娜精油包装设计】(图4–42)

图4–42　狄安娜精油包装设计(杨旭研)

【学生作品：未来照明器材包装设计】(图4-43)

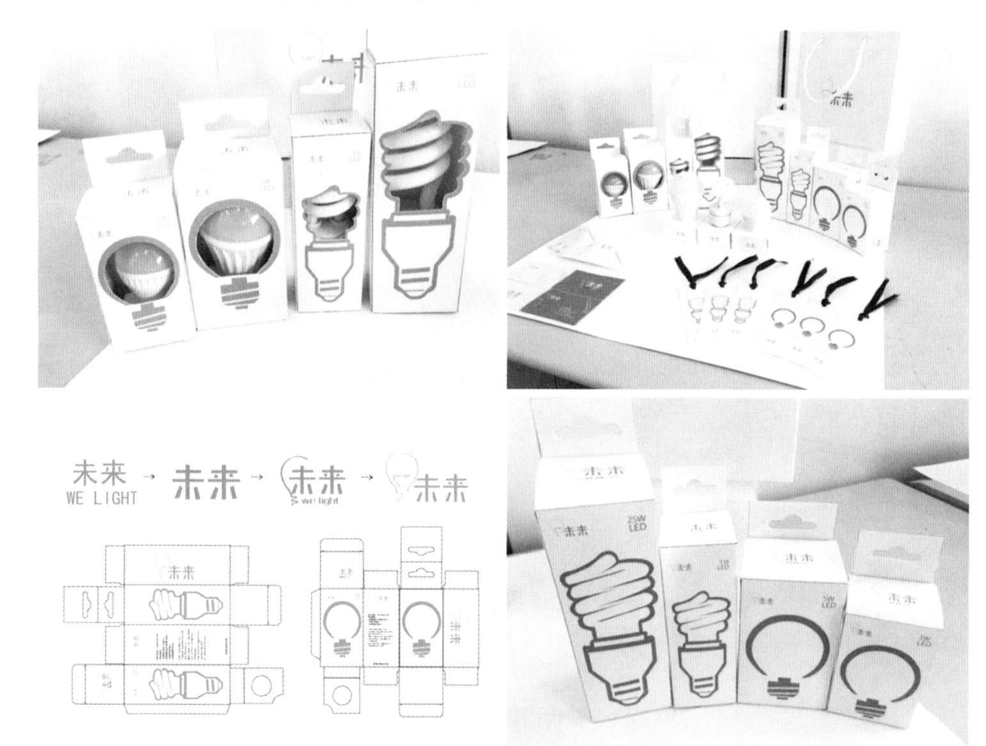

图4-43　未来照明器材包装设计(田荣佳)

【学生作品：ONEPLACE服装包装设计】(图4-44)

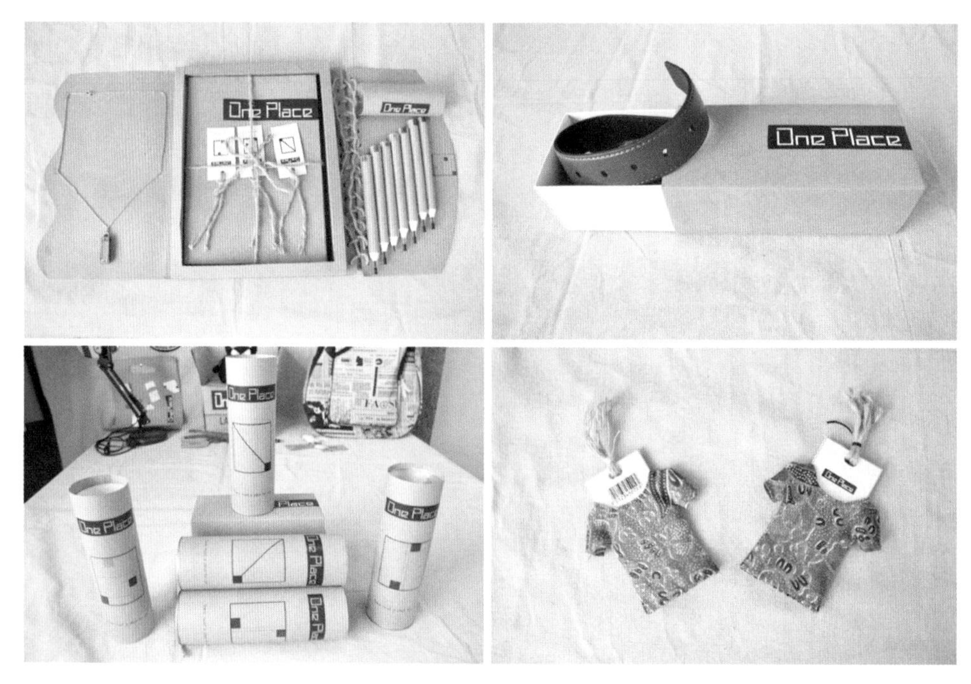

图4-44　ONEPLACE服装包装设计(聂卫川)

【学生作品：TOMINO化妆品包装设计】（图4-45）

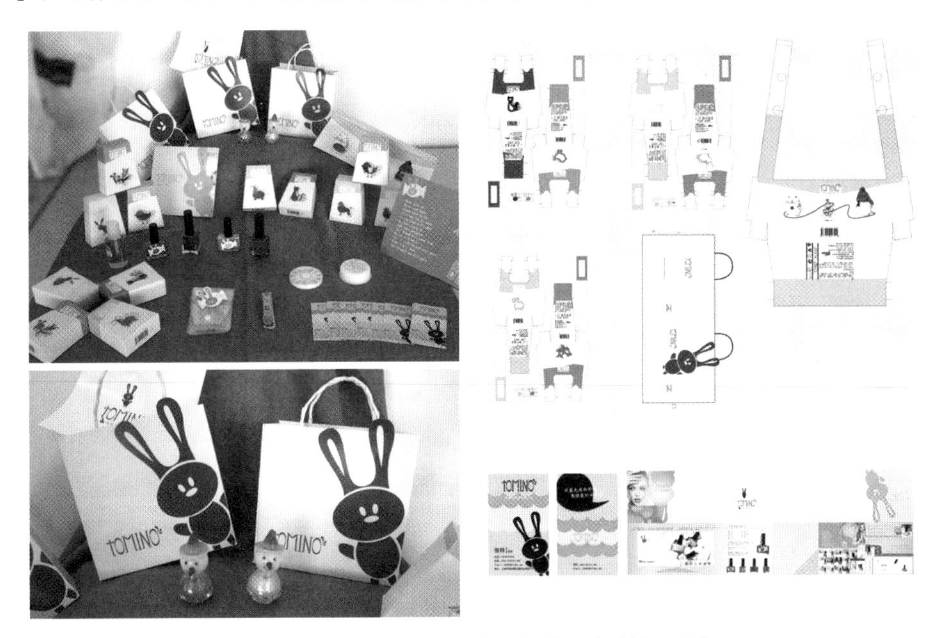

图4-45　TOMINO化妆品包装设计（韩凤香）

【学生作品：咯咯哒鸡蛋包装设计】（图4-46）

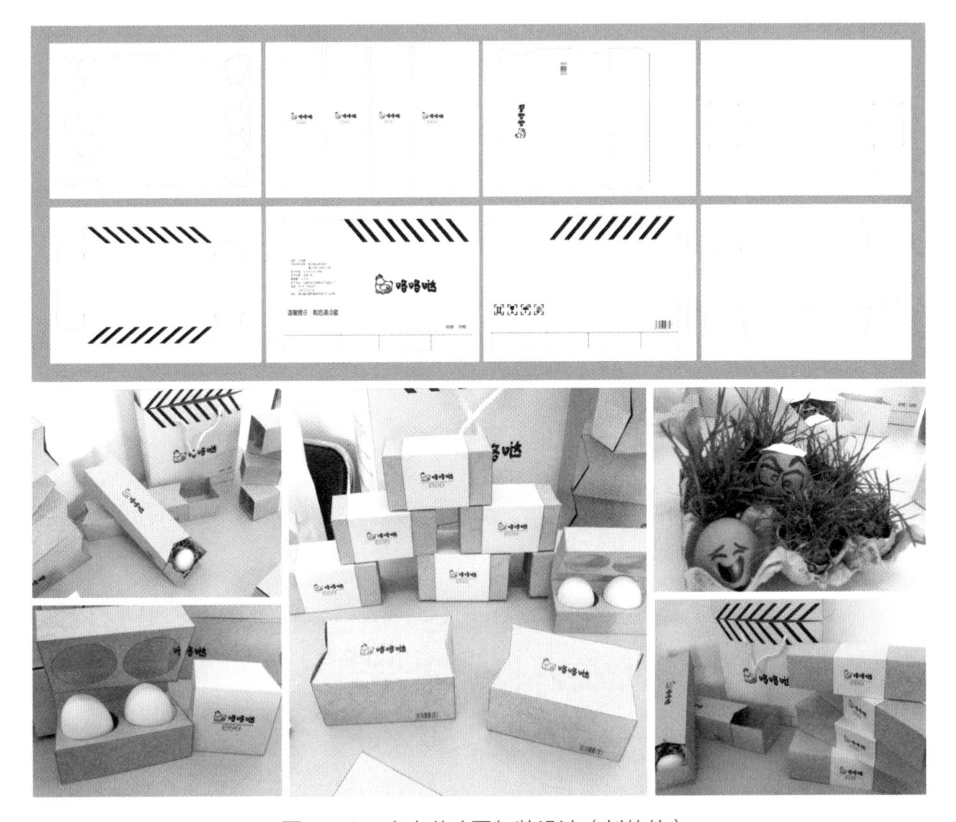

图4-46　咯咯哒鸡蛋包装设计（刘佳佳）

【学生作品：果特饮饮料包装设计】(图4–47)

图4–47　果特饮饮料包装设计（赵鑫瑶）

【学生作品：洁餐具包装设计】(图4–48)

图4–48　洁餐具包装设计（张晓炜）

chapter

05 第五章 包装综合设计与实训

一、实训项目介绍

实训主题：包装综合设计。

实训内容：为特定主题产品进行系列化或礼盒包装，以及相关宣传品的设计。

实训课时：28课时。

实训要求：要求学生在28课时内完成特定商品的包装设计与制作，要求包装与命题商品属性及品牌定位相符合，以系列化或礼盒形式进行设计，在符合整体统一原则的基础上体现各单件包装的独特性，做到系列包装或礼盒包装的结构合理、造型新颖、外观美观，造价合理，使包装具备商品保护功能，同时便于运输、方便加工与回收；同时完成商品说明书、宣传品等周边设计。

实训目的：通过系列化包装、礼盒包装的设计与制作实训，学生可了解成套包装的设计流程，掌握其设计与制作方法，结合产品特性对不同产品的包装形式，有针对性地进行设计，熟练运用各视觉元素对包装外观进行创意表现，熟练掌握系系列化包装、礼盒包装等实物制作方法。

二、包装设计的思路定位

在对包装设计进行构思时，需要依据所包装的商品进行有针对性的思考，其思路活动为：

第一，对产品进行定位分析。

第二，依据产品定位明确设计思路。

第三，选择恰当的设计元素进行表现。

第四，对设计元素进行组合，完成作品。

设计师对包装进行设计时需要运用图形、文字、色彩、造型、材质等元素对某一主题进行表现，但设计并非是将这些元素简单进行拼凑或组合，而是要明确一点：设计的重点是什么？即设计要突出和展示的是什么，以此确定设计的思路。

图5-1　HONEY MOON酒包装设计

包装是针对特定产品进行设计的，其设计必须依据于商品本身，围绕每一个商品自身的特点去展开（图5-1）。除了保护和容纳等基本功能之外，包装还要最大限度地展示商品自身的特点，也就是卖点。因此要找到设计思路，首先就要对其产品进行深入的分析。

在包装的众多设计思路中，初学者或经验不足者最常见且易于采用的方式往往是使用图形表现产品自身，而较容易忽视其他设计元素。一个产品的卖点有时并不一定局限于商品自身这一有形实体，也可以是商品倡导的理念、品牌的内涵、商品的性价比等，因此对于商品卖点的表现也可以有更多的方式而不仅局限于图形或某一种设计元素，在构思时应将思路扩展到更为广泛的领域，对图形、文字、色彩、造型、材质，甚至展示陈列、结构、印刷等各种因素进行综合的考虑，在其中寻找最合适的元素，对产品的卖点进行展示，获得具有针对性且可实施的设计思路。（图5-2、图5-3）

图5-2　Dog Balance狗粮包装设计

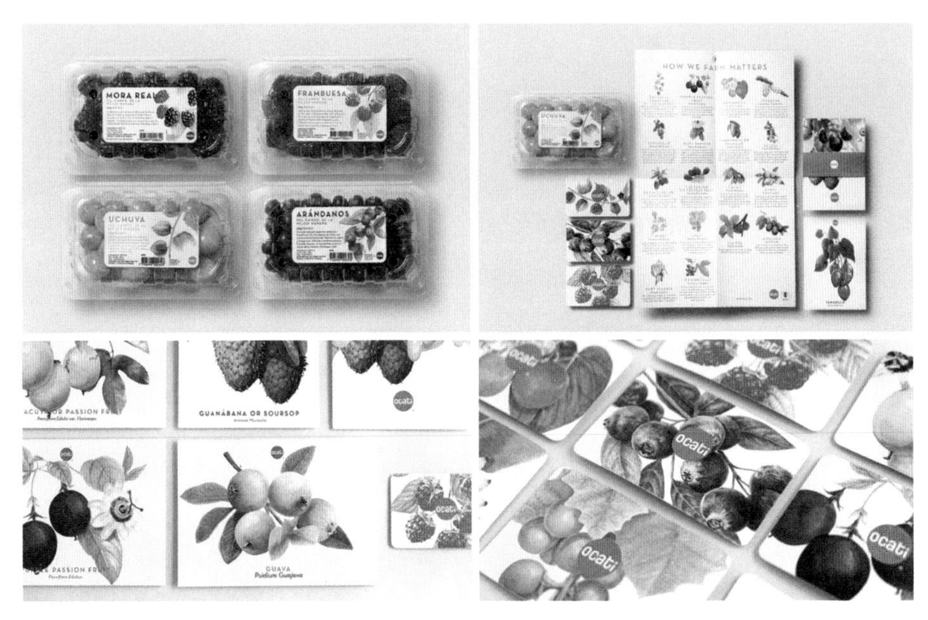

图5-3　Ocati水果包装设计

三、包装综合设计的原则

不论是系列化包装还是礼盒包装，所体现的都是成套包装的统一性与其中单件包装的个性化两者之间的结合，同时还需要将产品所依据的品牌特点、优势、文化内涵进行展示。在设计时应该特别注重突出品牌内涵、展示商品个性、注重美观与实用的结合，以及体现环保意识。

（一）突出品牌化的设计

包装具有展示和美化商品形象的功能，随着当今商业市场竞争逐渐激烈，这一功能越来越被设计师所重视。但在设计时不能仅从商品自身出发考虑其包装形象，而应将包装纳入品牌的整体视觉形象系统中，结合品牌的内涵、特色、个性等因素进行创作，这是当今品牌化趋势日益增强的需要。具有良好品牌形象的商品更容易被认可，同时商品也应承担展示品牌优势和特色的任务，而这两者可以通过包装的形象进行结合。包装在美化商品展示商品的同时，还能够提高品牌的形象。此外，突出品牌化设计，将品牌的个性和独特性赋予商品本身，这无疑是提高商品辨识度、提升商品竞争力的有效手段。（图5-4、图5-5）

图5-4　可口可乐包装设计

图5-5　PH WHITETAI酒包装设计

（二）注重个性化设计

包装能够实现对商品的展示和促销，这一功能离不开包装的个性化设计。包装的个性化设计即在包装设计中将商品的独特性进行表现，通过展示其独特性与竞争商品相区别，最大限度地展示自身的特点与优势，同时通过个性化的设计实现创新，用耳目一新且具有创意的形式吸引消费者的关注。（图5-6、图5-7）

图5-6　Tango巧克力包装设计

图5-7　Paste意大利面包装设计

（三）美观与实用结合的设计

美观是设计追求的目标之一，也是包装得以提升商品价值的重要因素之一。包装造型与外观的设计要体现设计之美，更要展示商品之美。此外，包装设计的价值不仅在于它外观的精美，也在于是否能够带给人们良好的使用体验，而这就要求包装要实用和便于使用。精美的外观能够吸引人的目光，加上包装对使用细节的考虑和设计，更会为包装设计增光添彩，达到美观与实用相结合的目的。（图5-8、图5-9）

图5-8　ETOS茶包装设计

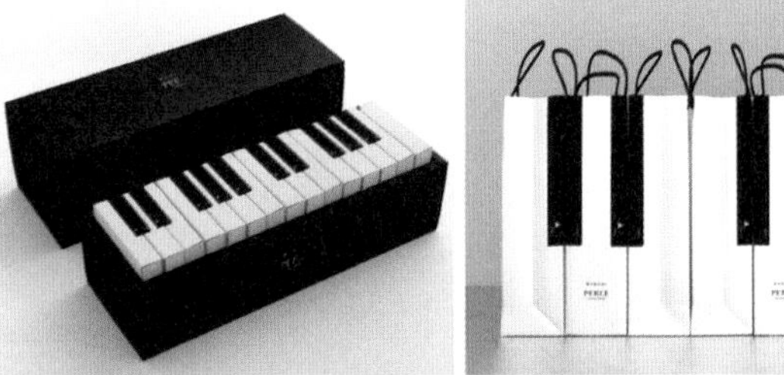

图5-9　PERLE钢琴蛋糕包装设计

（四）避免过度包装

近年来，绿色化的包装设计思路越来越受到各界普遍认同，在设计中不但要考虑包装外观的美观和新颖，更要从各个环节如包装原料的选择、包装的加工制作、商品的运输流通，以及包装的回收处理等各方面深入思考，避免过度包装。现实中的过度包装会增加包装制作成本，导致商品造价提高，商品性价比降低，同时造成资源的浪费。设计师在实现包装保护商品、促进销售的同时，应尽量考虑减少不必要的材料、装饰以及加工工艺，使环保意识在设计中得以体现。（图5-10、图5-11）

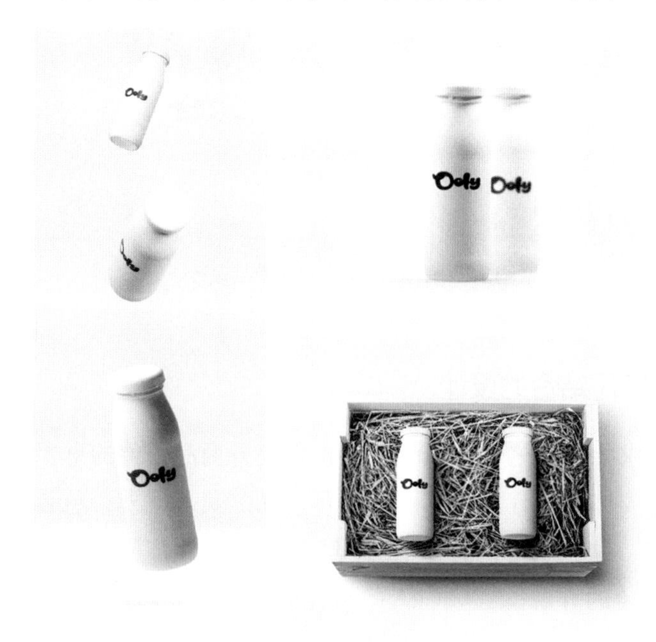

图5-10　Qoly牛奶包装设计（Kichuk Ilya）

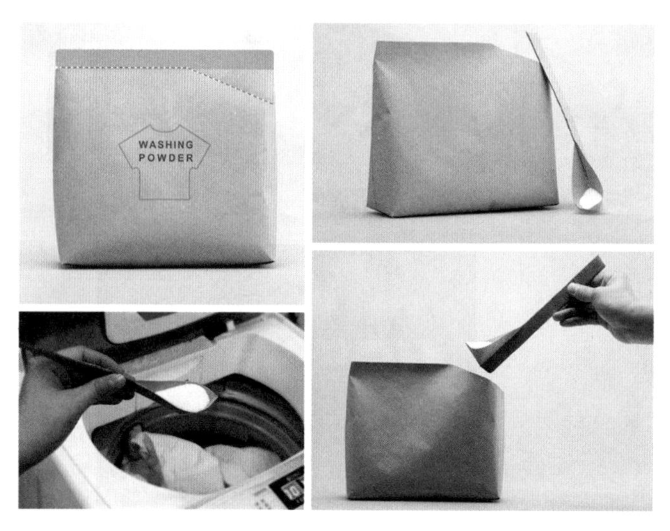

图5-11　WASHING POWDER洗衣粉包装设计

四、包装综合设计案例分析

【越南NHA蜜饯】

本设计为越南NHA蜜饯包装礼盒设计，其整体设计以包装外观的插画为核心，依据产品种类分别绘制了具有民族特色的三幅插画，应用在包装内盒以及瓶贴之上，画面丰富、色彩绚丽、形象生动，具有很强的装饰性与地域特色。外盒的设计以黑色为主，对外盒上的品牌名称以及礼盒内部的包装进行衬托，层次分明，视觉效果丰富，又不失稳重大气。(图5-12)

图5-12　越南NHA蜜饯包装设计

【锦鲤KOI清酒包装设计】

本设计是日本清酒品牌“锦鲤KOI”的包装设计，包括外纸盒和内部酒瓶。外盒以白色为主，有烫金印制品牌商标与名称，简洁大方且不失高雅。在结构上采用了开窗式设计，在盒身表面以鲤鱼形状进行镂空，而内部酒瓶则以锦鲤图案做表面装饰，内外结合，从外盒透出内部酒瓶上的图案，自然地形成“锦鲤”的形象，巧妙地与品牌名称相契合。（图5–13）

图5–13　锦鲤KOI清酒包装设计

【案例：茶·点心包装设计】

此款设计为中式茶点的包装设计。它以传统茶点的蒸笼为外包装，配合灰色封套和手提麻绳，使整体设计显得素雅别致。内包装采用纸材料制作成点心和粽子形状的小纸盒，用来包裹茶叶和坚果点心，小纸盒展开后则可以作为茶杯垫使用，整体设计美观且具有创意。（图5–14）

图5-14　茶·点心包装设计

【案例：Stafidenios儿童葡萄干包装设计】

这款包装采用纸材料，设计时为适应儿童小手的拿取，特意将包装尺寸设定得比较小。每个包装盒展开后都可以反向折叠成不同的小动物和卡通人物，且折叠过程不需胶水、剪刀等工具，就可使包装变成折纸玩具，既可锻炼儿童的动手能力，又能使这个低成本的包装对儿童形成吸引力。（图5–15）

图5–15　Stafidenios儿童葡萄干包装设计（Matadog Design/希腊）

【Citrus Moon月饼包装设计】

这是一款具有东方神韵兼顾现代美学的包装设计，包装外盒以水彩绘制出中秋满月的象征符号，在使用者抽拉内盒的过程中，包装外盒的图案会呈现出月相由满至亏的形态变化，包装内部盒描绘的则是月运的周期变化，内部的月饼与月相图案一一对

应，再配合与中秋相关的诗句，使整个设计显得巧妙而精致，传达出东方文化的美感与内涵。（图5-16）

图5-16　Citrus Moon月饼包装设计（Tsan-Yu Yin/中国台湾）

五、实训步骤

（一）实训主题分析

本实训主题为包装综合设计。本次实训的训练重点在于包装外观的整体设计，包括包装的造型与结构设计、包装材料的运用、包装视觉元素的创意表现、包装印刷与实物制作等部分，是对包装设计各部分各环节进行的综合性训练。训练要求学生以系列化包装或礼盒包装的形式进行创作，对包装外观的各个视觉形象进行深入思考以及创意表现，同时对包装的材质、造型、印刷制作等方面进行综合考虑，完成包装作品的设计与制作。

（二）市场调查

1. 调查地点

市场调查以围绕系列包装、礼盒包装等进行，考察地点以商场专柜、专卖店、超市货架等场所为主，包括能够获得相关资料收集的图书馆等。

2. 考察内容

考察国内外系列包装、礼盒包装的设计；收集国内外系列包装、礼盒包装的设计案例；考察包装周边设计品的形式；对各类不同品牌和产品的包装及其周边设计进行了解。

3. 调查方法

通过在品牌专柜和专卖店实地观看，记录和拍摄有关系列包装和礼盒包装的照片、视频等影像资料；对卖场销售人员进行现场实地访问；利用图书馆和网络查阅系列包装、礼盒包装、包装周边设计用品的案例和有关印刷制作等方面的信息。

4. 调查成果

要求学生以调查报告的形式提交成果，调查报告应包括国内外系列包装、礼盒包装设计以及包装周边设计用品的优秀案例分析；本主题包装设计的思路分析。

（三）明确思路定位

在市场调查的基础上对调查结果进行整理并形成调查成果。通过对调查成果的分析，确定设计的大致思路定位。学生根据自己对本主题的理解，并结合个人的设计特长以及兴趣点获得设计定位的方向，确定礼盒包装、系列包装的表现形式，进一步具体细化为可实施的方案。

（四）创意思维发散

在学生形成大致思路的基础上进行思维发散，通过头脑风暴法、思维导图法将思路多方向地进行发散获得思路，并深入分析筛选最具可实施性的方案继续深入。

（五）草图设计

在获得可实施性的方案后，进入草图的设计阶段，将具备可实施性的思路绘制出来，包括包装盒的整体结构、外包装盒的结构与外观、内包装盒或容器的造型、结构以及外观等，再对多个草图方案进行对比，选择最优方案，进一步深入推敲、刻画细节，为包装平面图的绘制做好准备。

（六）包装平面图设计

在草图设计的基础上进行电脑制图，包括外包装盒的展开图与视觉外观设计、内包装盒或容器的造型、展开图以及视觉外观设计。注意内外包装的比例与规格，尤其是套盒内部的结构，以及视觉表现的统一性。

（七）包装实物制作

在电脑制作平面展开图的基础上进行图纸打样，对包装外观的视觉信息如文字、图形、色彩等进行校对，并对包装结构进行检查，在校对完成后选择适当材质印刷并制作实物。

（八）作品展示

【学生作品：辣度辣椒酱包装设计】（图5–17）

图5–17 辣度辣椒酱包装设计（贾楠）

【学生作品：仙儿糕点包装设计】(图5-18)

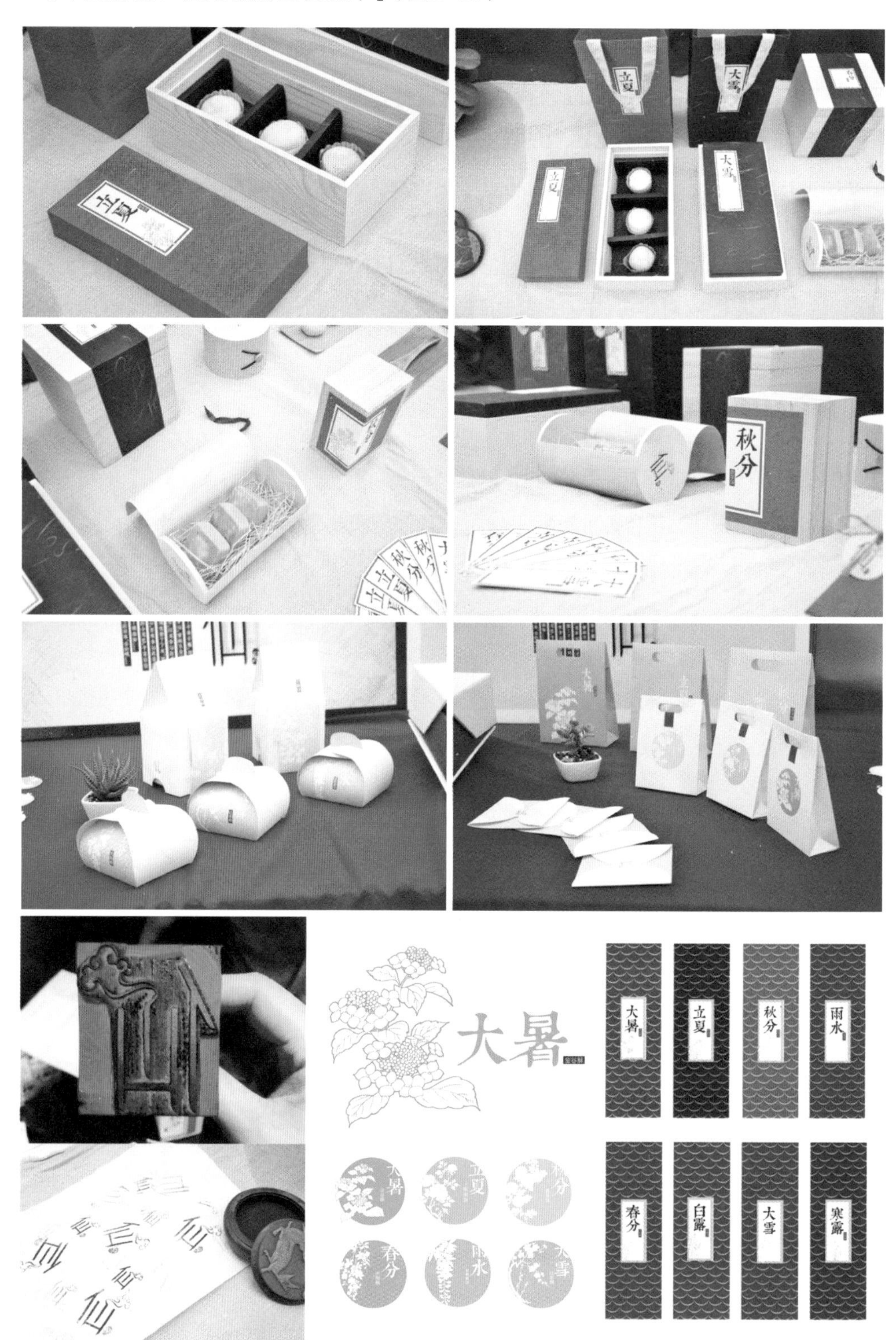

图5-18　仙儿糕点包装设计(周佳萌)

【学生作品：劳蒂艾茨葡萄酒包装设计】(图5-19)

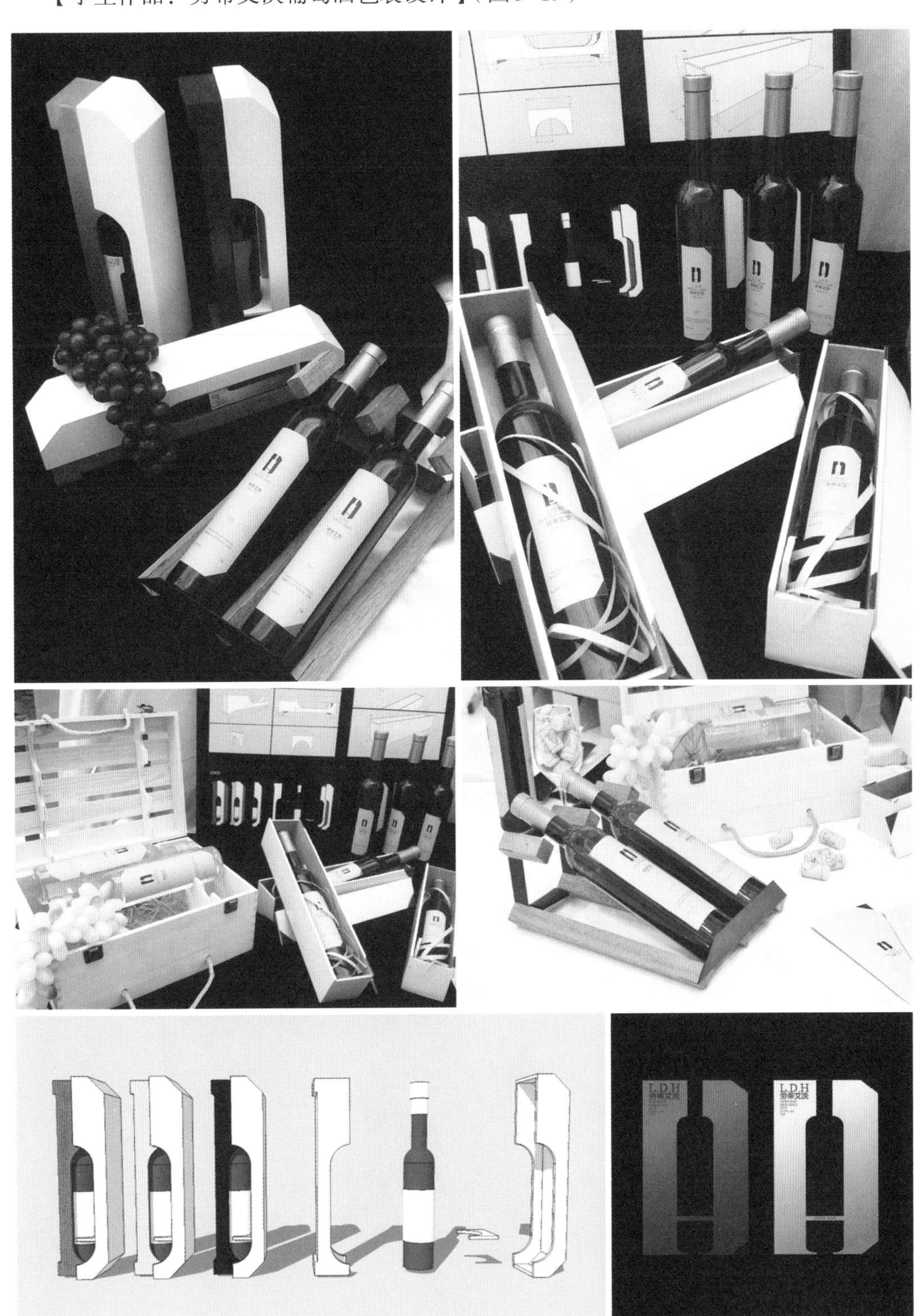

图5-19　劳蒂艾茨葡萄酒包装设计（李德宏）

【学生作品：五谷坊谷物包装设计】（图5-20）

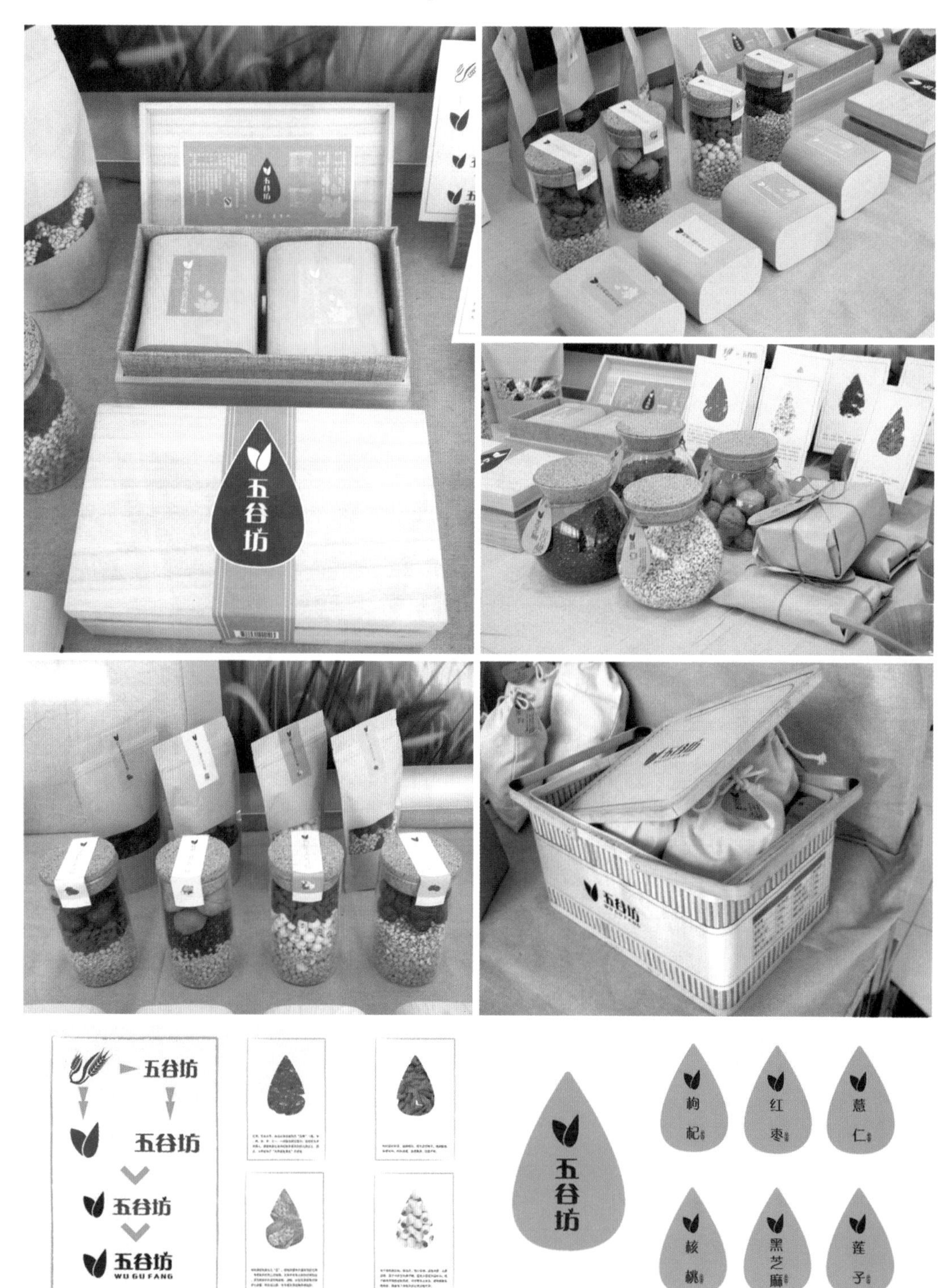

图5-20　五谷坊谷物包装设计（谷迎玥）

【学生作品：琛工艺品包装设计】(图5-21)

图5-21　琛工艺品包装设计(蔡琛)

【学生作品：南豆谷物包装设计】(图5-22)

图5-22　南豆谷物包装设计（马珊）

【学生作品：豆溢坊豆腐干包装设计】（图5-23）

图5-23　豆溢坊豆腐干包装设计（王丹）

【学生作品：贡米小米包装设计】（图5-24）

图5-24　贡米小米包装设计（秦晓欣）

【学生作品：CANDY糖果包装设计】(图5-25)

图5-25　CANDY糖果包装设计（田佳美）

【学生作品：isweet甜心甜品包装设计】(图5-26)

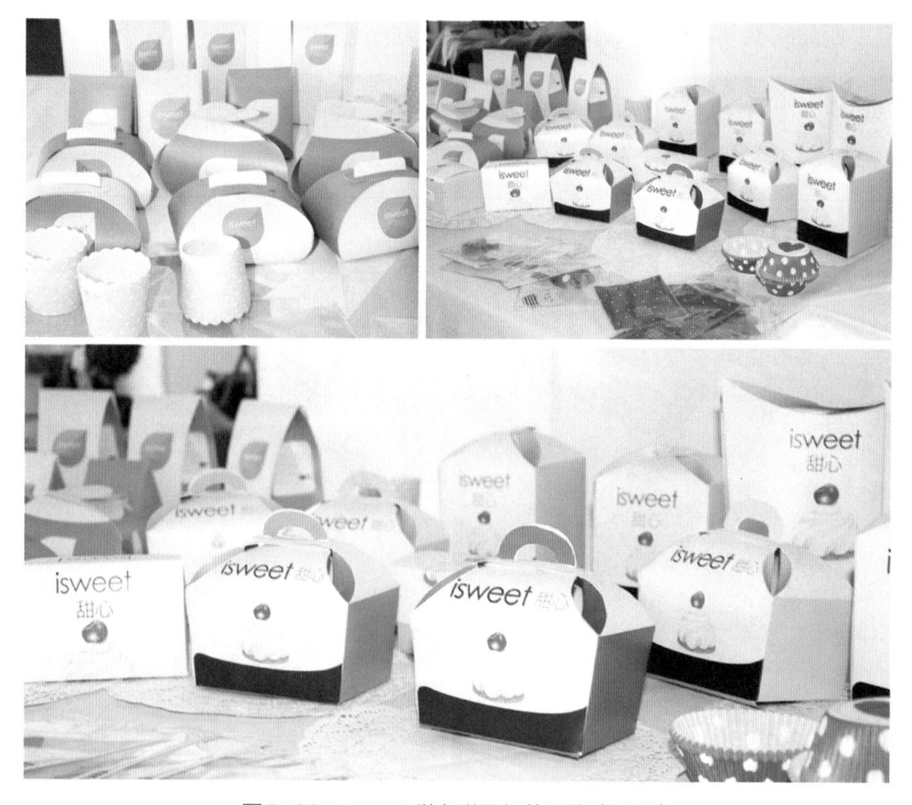

图5-26　isweet甜心甜品包装设计（伊翔）

【学生作品：麦田来客蛋糕包装设计】（图5–27）

图5–27　麦田来客蛋糕包装设计（孙万方）

【学生作品：FAVORITE巧克力包装设计】（图5–28）

图5–28　FAVORITE巧克力包装设计（任占优）

【学生作品：BING果汁包装设计】(图5-29)

图5-29 BING果汁包装设计

【学生作品：觅香西点包装设计】(图5-30)

图5-30 觅香西点包装设计（翟晓燕）

chapter

06 第六章 包装设计案例欣赏

【包装容器设计篇】

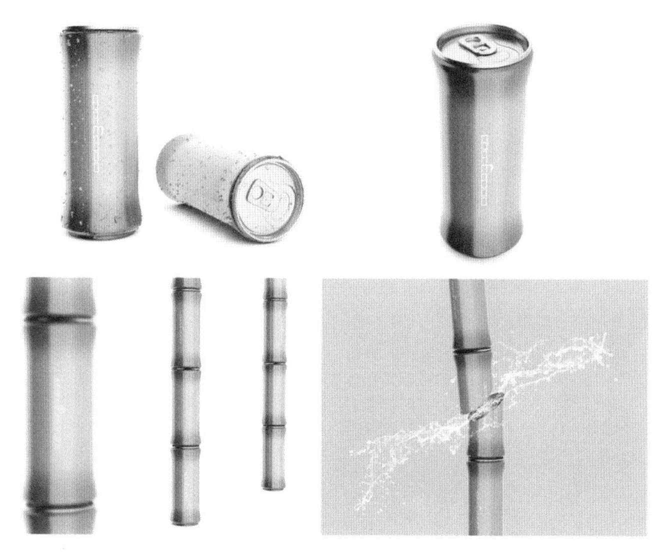

图6-1　Bamboo饮料易拉罐概念包装设计

图6-2　BEEloved蜂蜜包装设计

图6-3　Slowdown奶昔包装设计

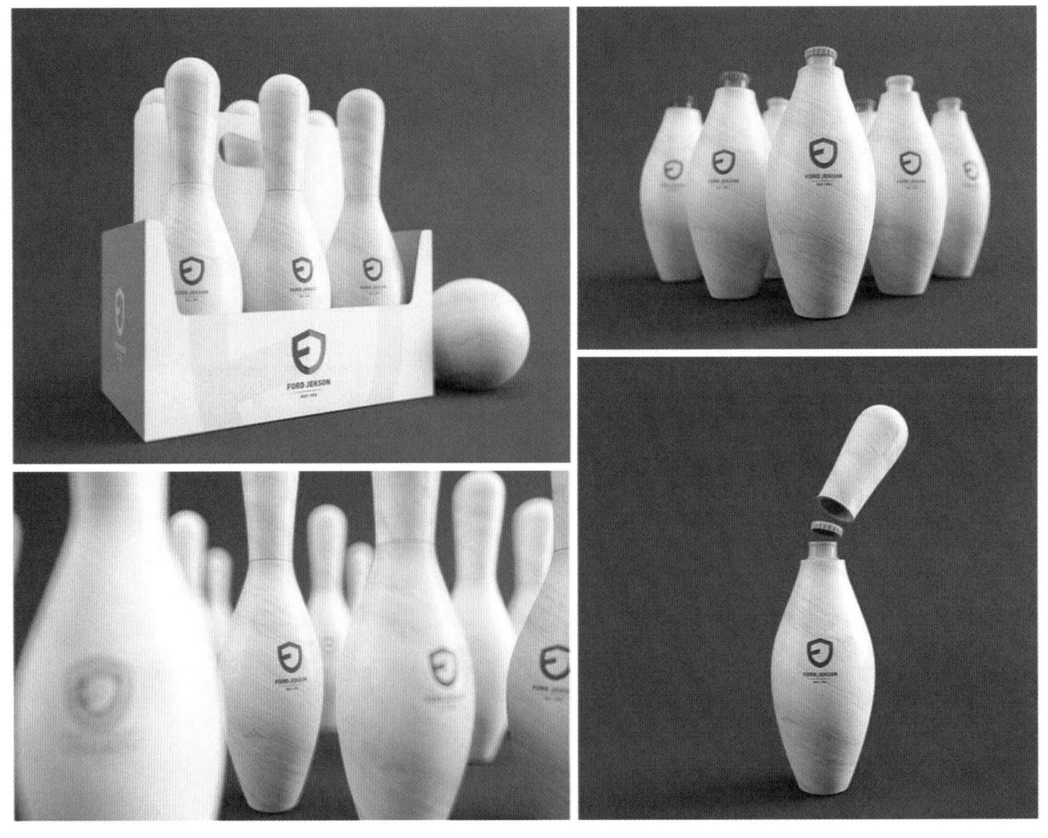

图6-4　Ford Jekson果汁包装设计

图6-5　EAST STREET CIDER苹果酒包装设计

图6-6　Vibe维生素水包装设计

图6-7　Perrier天然有汽矿泉水包装设计

图6-8　樱花酒包装设计

图6-9 ONE EIGHTY男士洁面乳包装设计

图6-10 LUMOJO天然卡玛希蜂蜜包装设计

图6-11　A L'Olivier橄榄油 Ana Paulsen

图6-12　COMPASS BOX酒包装设计

图6-13　MILKGHAKE啤酒包装设计

图6-14　ORKLA FOODS DANMARK果酱包装设计

图6-15　LOBO苹果白兰地酒包装设计

图6-16　MANE护发产品包装设计

图6-17　SAKE NOUVEAU清酒包装设计

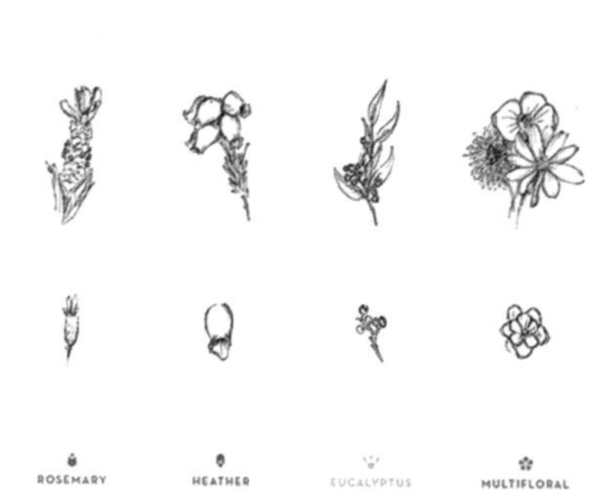

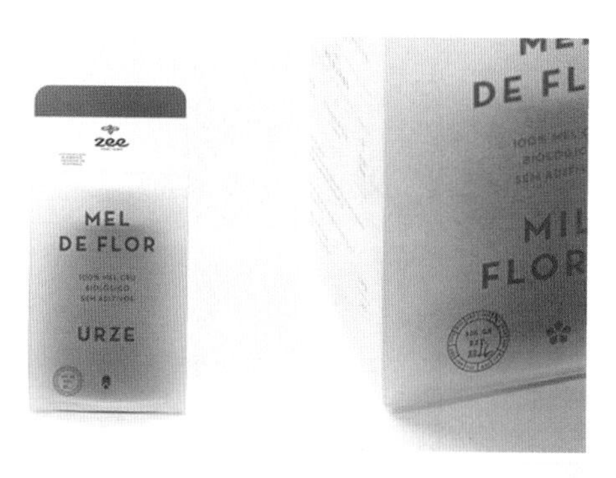

图6-18　Zee蜂蜜包装设计

图6-19 The Merchants 咖啡＆香料茶包装设计

图6-20　STERLING RESERVE 酒包装设计

图6-21　MALFY杜松子酒包装设计

图6-22　BLENDERS PRIDE酒包装设计

图6-23　JIN酒包装设计

图6-24　AURORA鸡尾酒包装设计

图6-25　BOHEMSCA果汁包装设计

图6-26　GUEDA啤酒包装设计

图6-27　PANVEL VERT护发产品包装设计

图6-28　YAN天然果汁包装设计

图6-29　EL TUERTO酒包装设计

图6-30　d'A酒包装设计

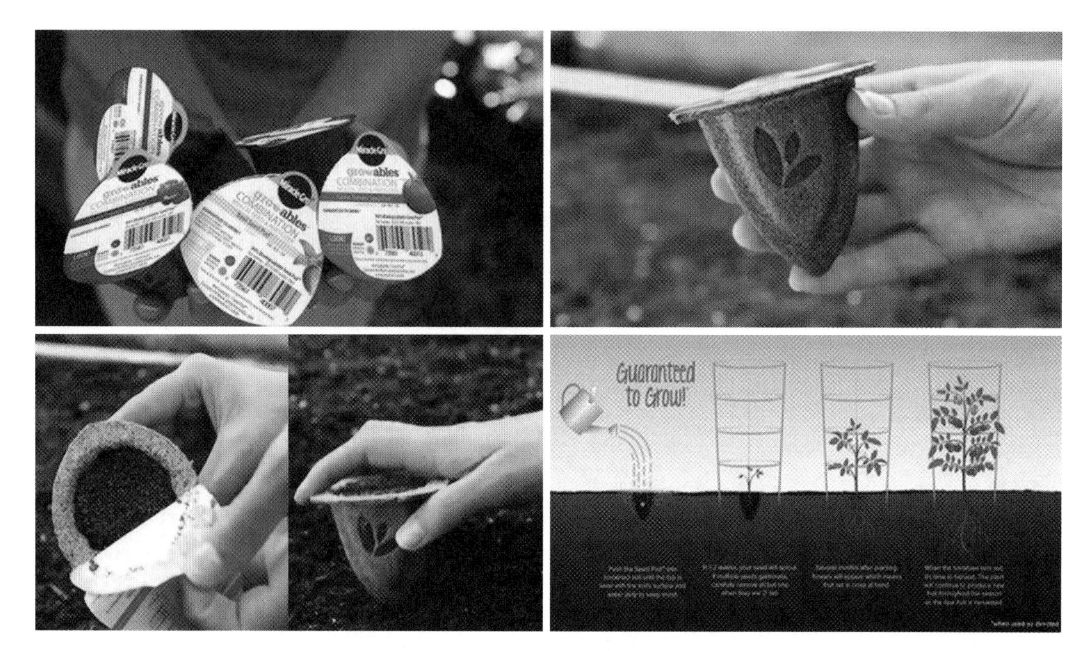

图6-31　Miracle-Gro种子包装设计

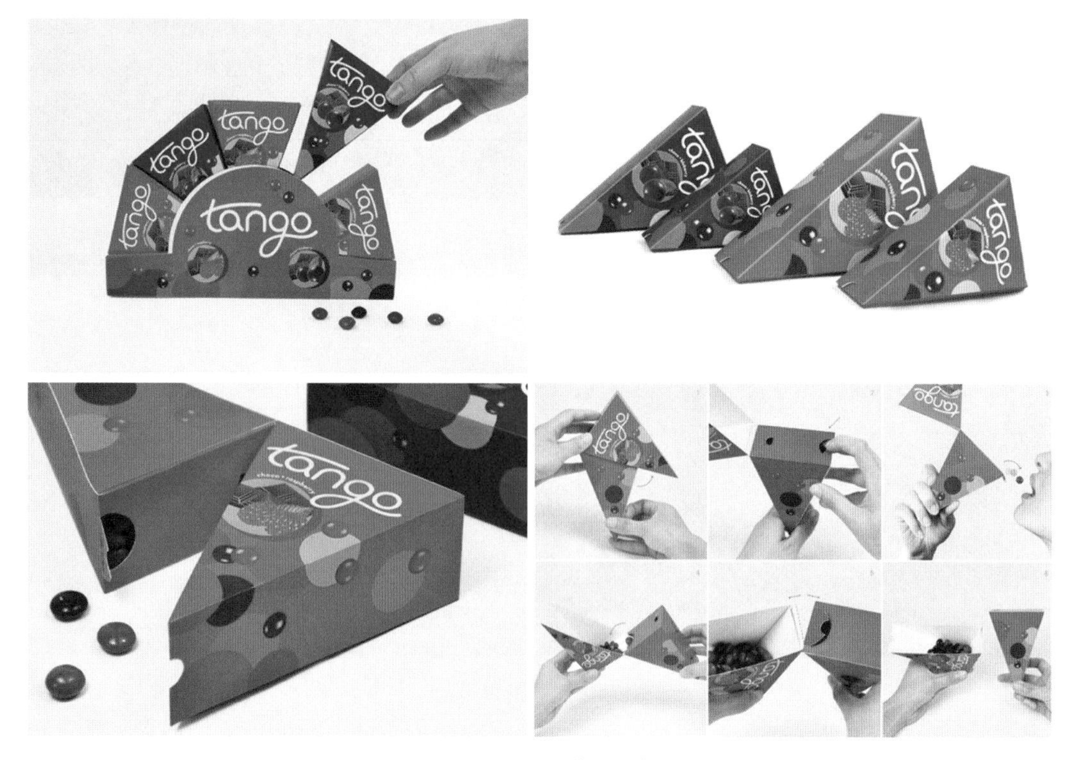

图6-32　Tango巧克力包装设计

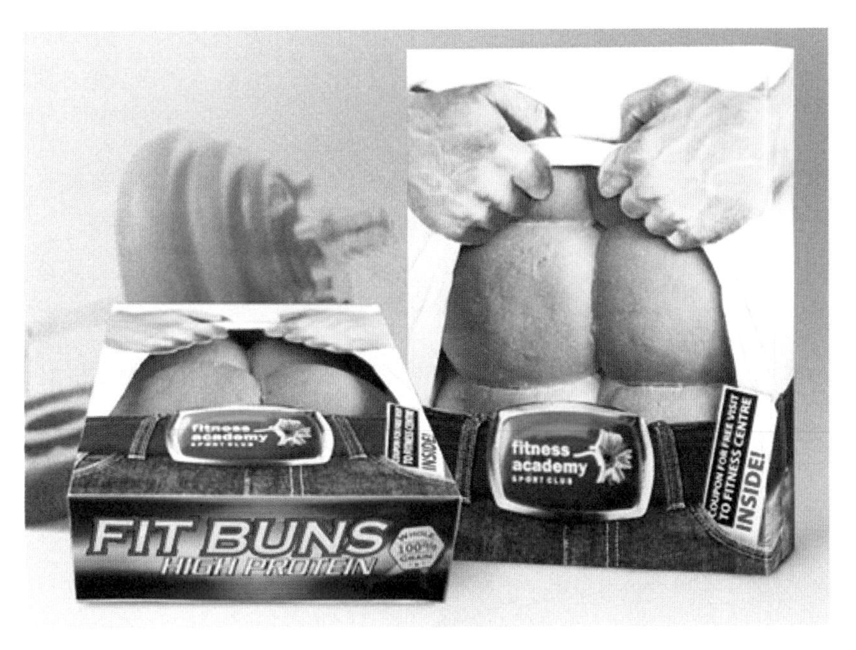

图6-33　FIT BUNS面包包装设计

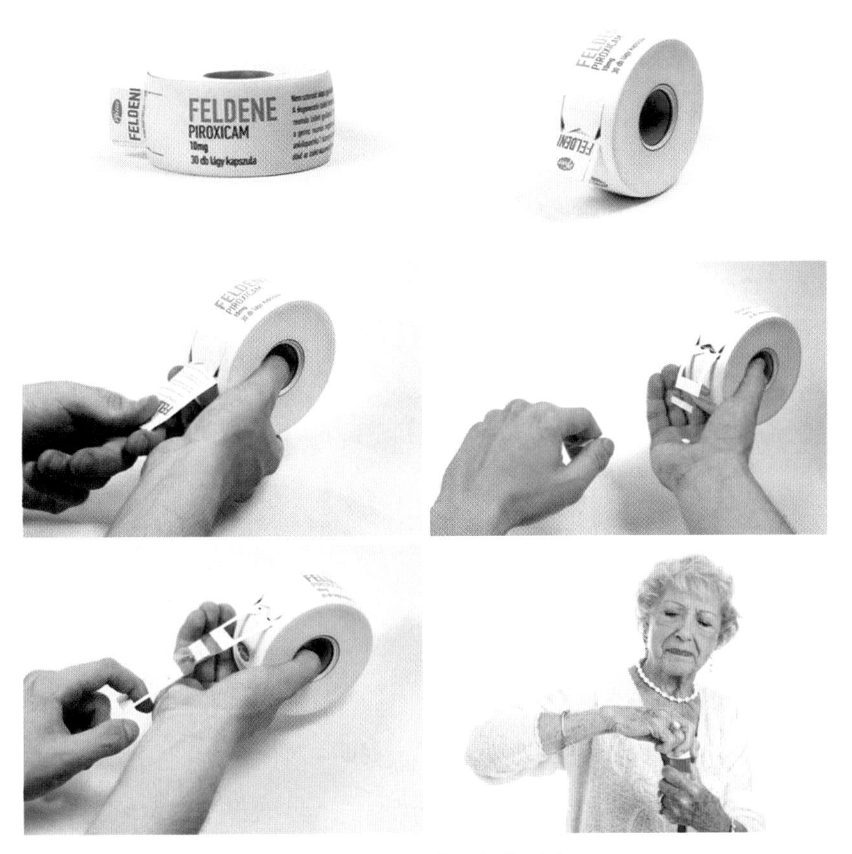

图6-34　Pull药品包装设计

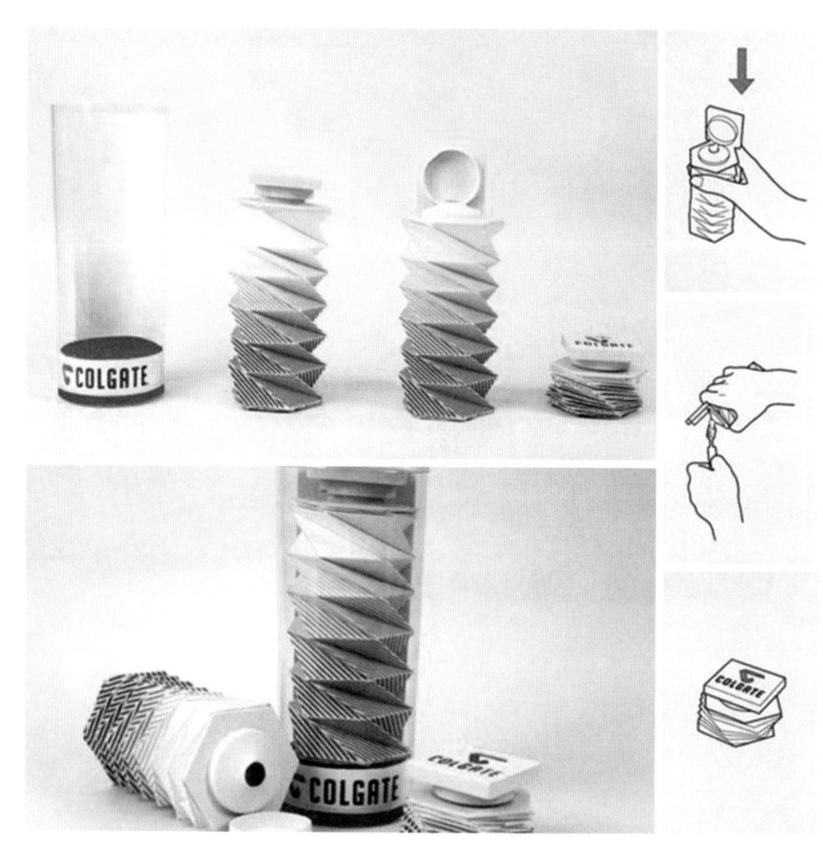

图6-35　Colgate牙膏包装设计

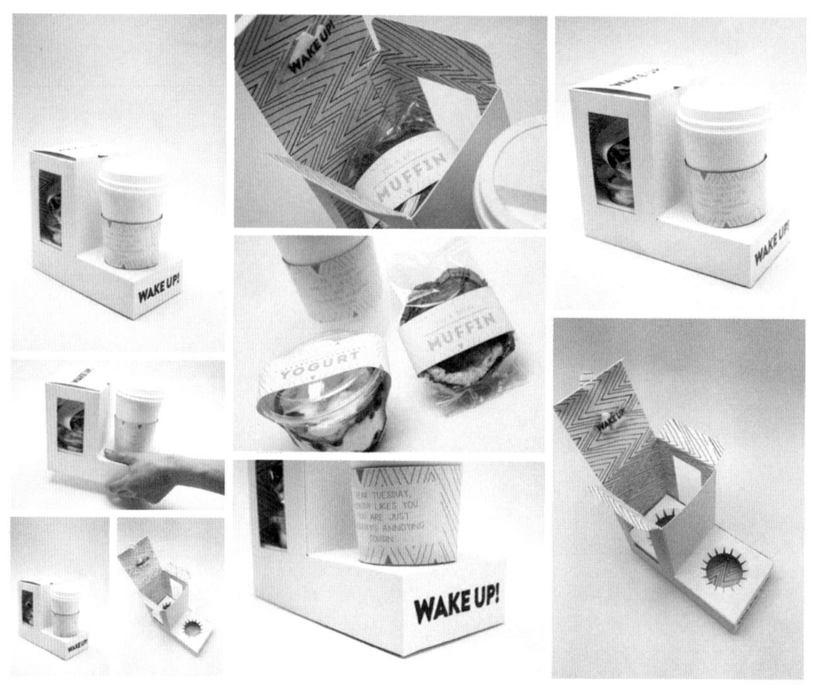

图6-36　WAKE UP外卖包装设计

图6-37　Moller Barnekow三明治包装设计

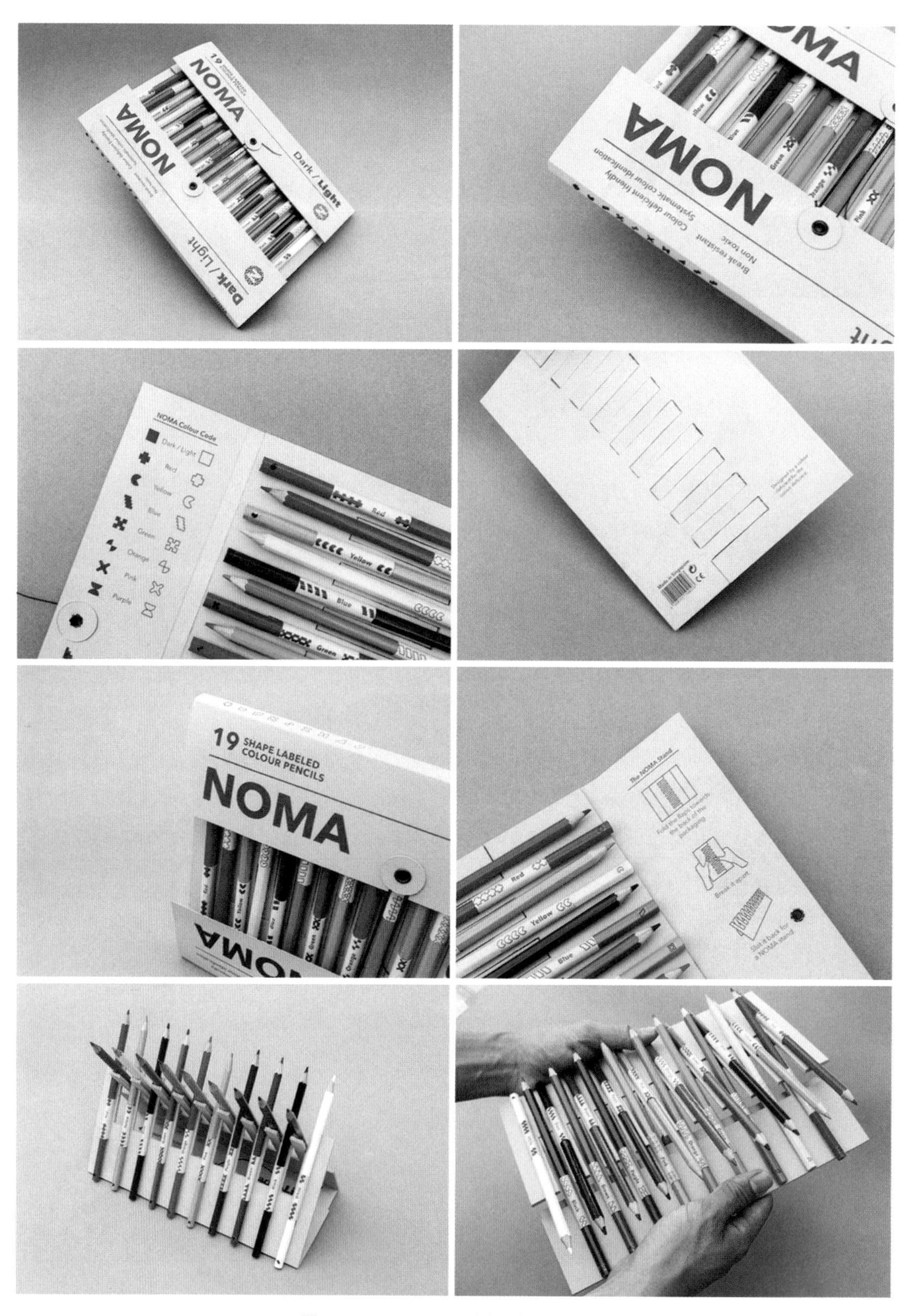

图6-38　NOMA彩色铅笔包装设计

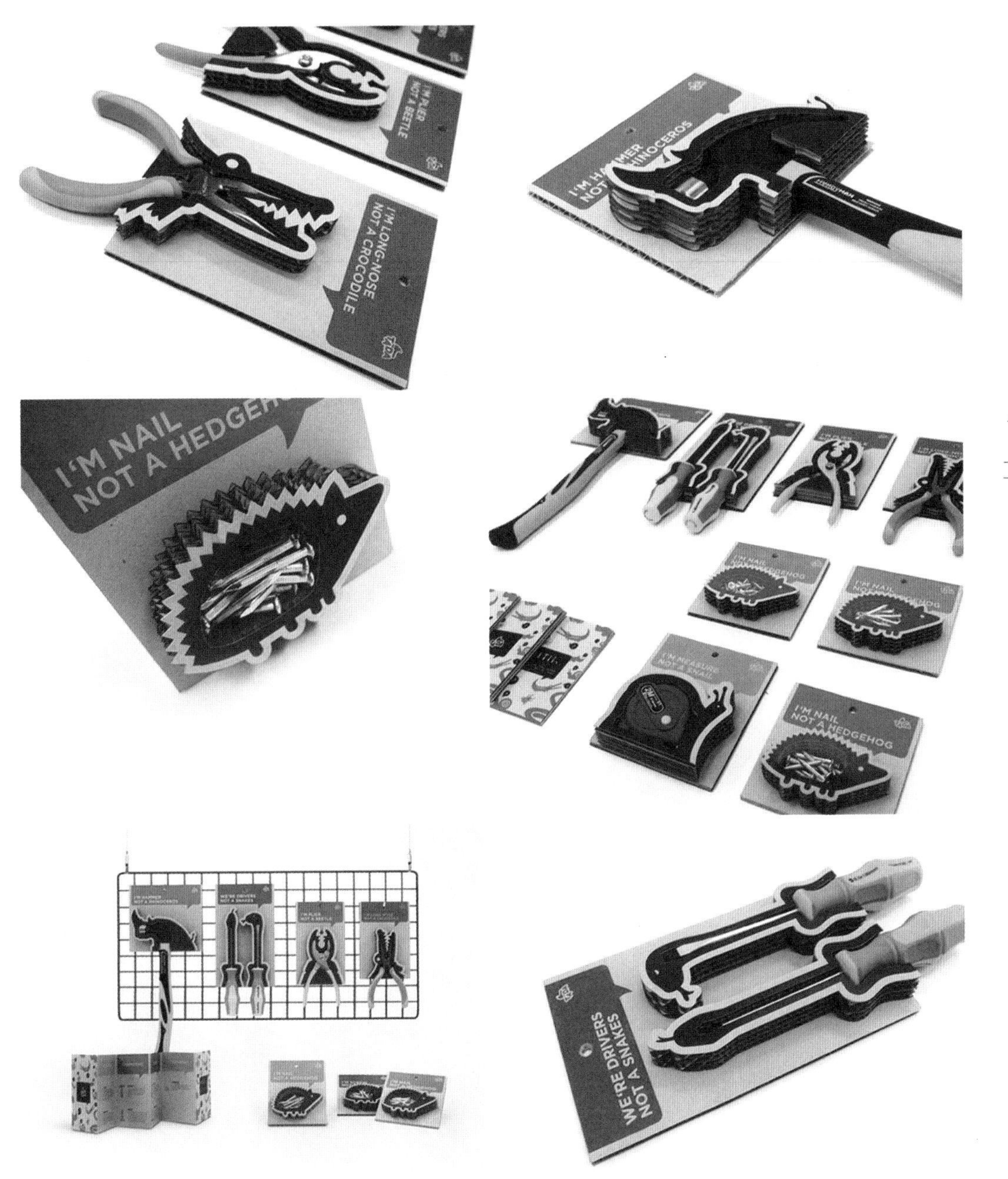

图6-39　TADA工具包装设计

图6-40　Fibra美术用品包装设计

图6-41　DUNKIN DONUTS点心包装设计

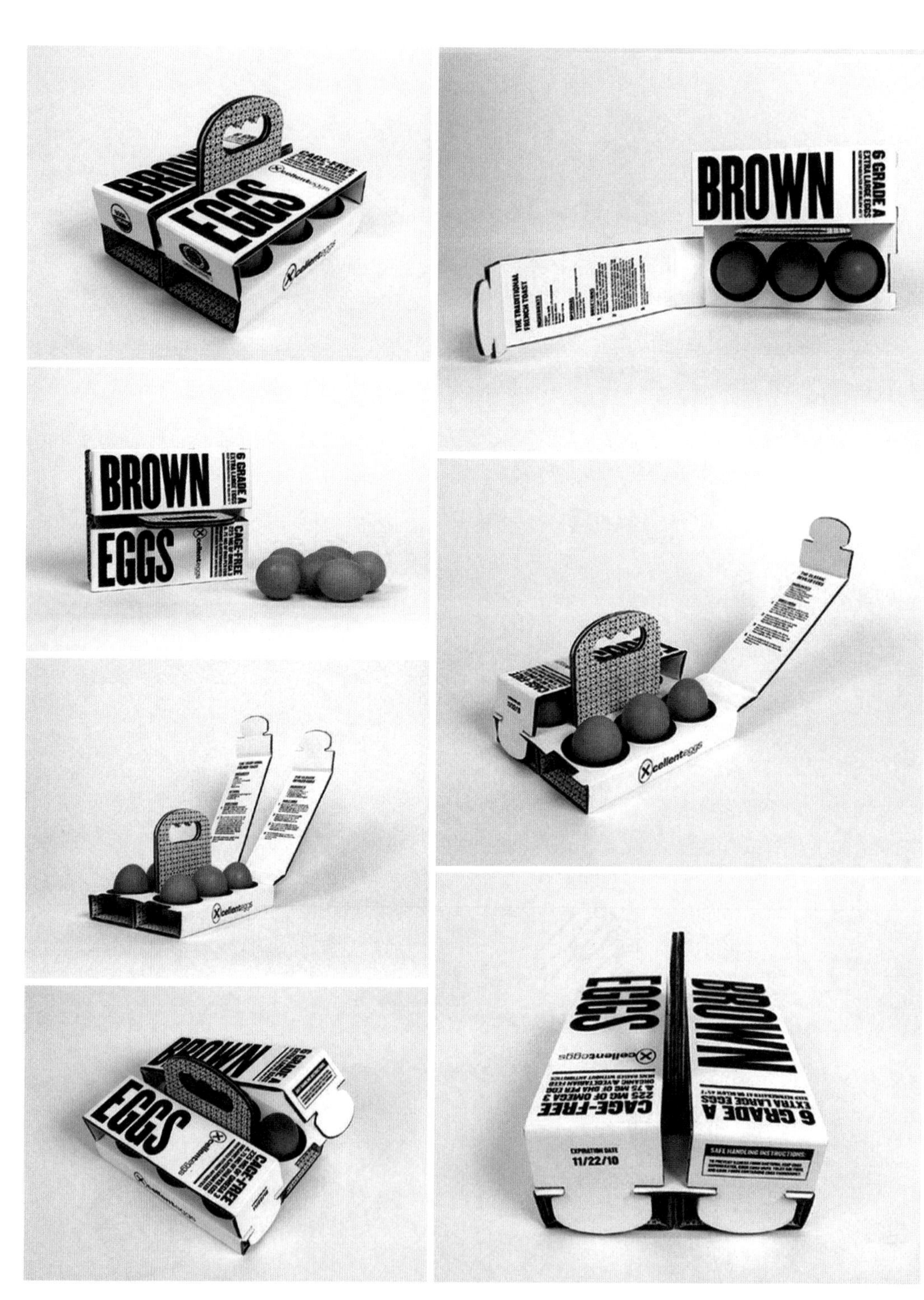

图6-42　BROWN EGGS鸡蛋包装设计

图6-43　GET WELL茶包装设计

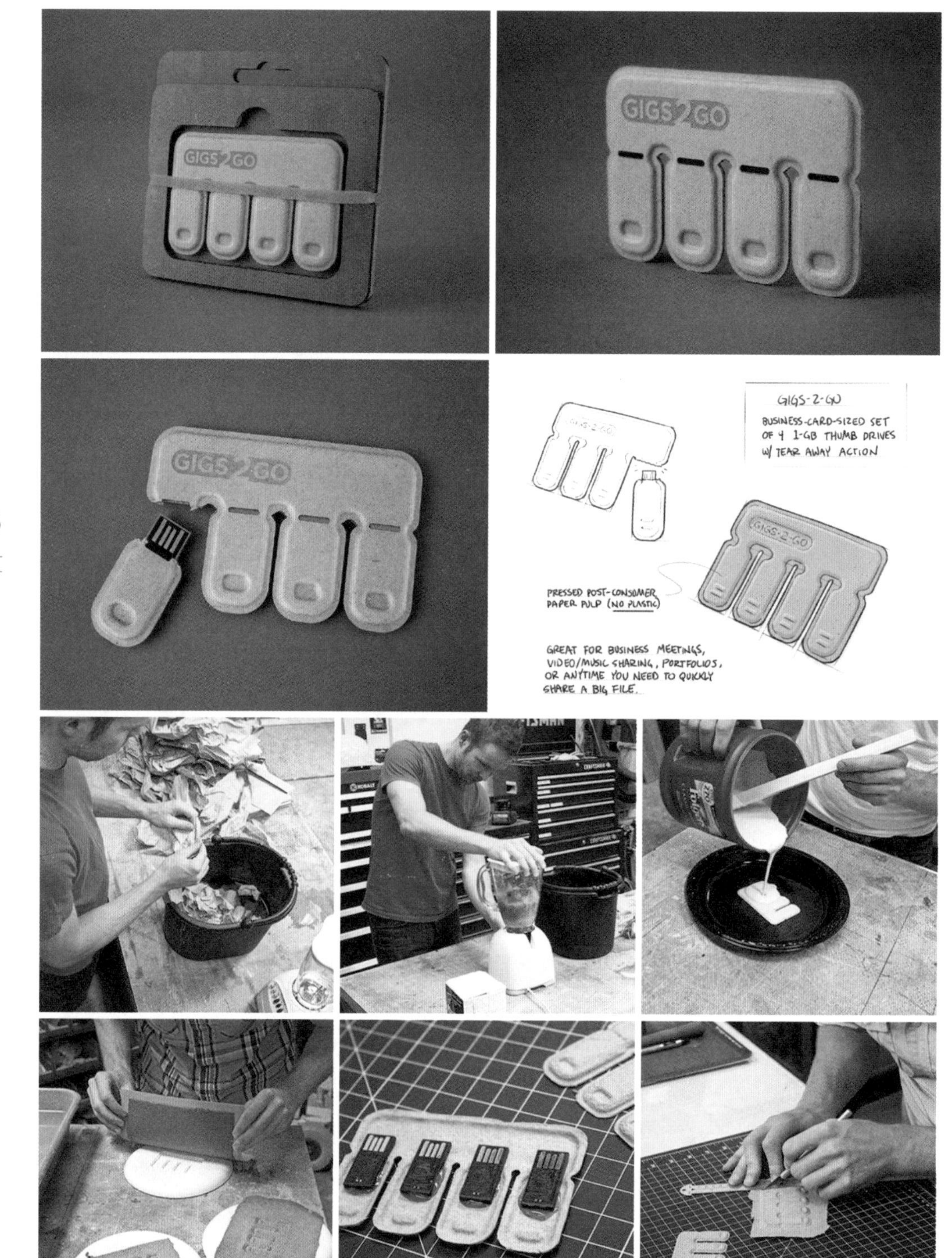

图6-44　GIGS2GO U盘包装设计

图6-45 Only Mine巧克力包装设设计

图6-46 AISHA婴儿辅食包装设计

图6-47　GRANDE甜品包装设计

图6-48　Bonre食品包装设计

图6-49　Island Jack's薯片包装设计

图6-50　CHALE茶包装设计

图6-51　KAGOME蔬菜汁包装设计

图6-52　TARELKA 食品包装设计

图6-53　TEA HOUSE HANOI茶包装设计

图6-54　FOR FOR冰激凌饼干包装设计

图6-55 SWEET FREEDOM糖浆包装设计

图6-56 Olaya香料茶包装设计

图6-57　CARGO BREWERY酒包装设计

图6-58　GATA MAGA食品包装设计

图6-59　VIANI番茄酱包装设计

图6-60　Utopick 巧克力包装设计

图6-61　SNOW MASTER宠物食品包装设计

图6-62　CHARILE BIGHAM'S快餐包装设计

图6-63　Maham火腿肠包装设计

图6-64　BASIS品牌包装设计

图6-65 BOUCH快餐包装设计

图6-66 CANDELA巧克力包装设

图6-67　Its Tea Time茶包装设计

图6-68　kellogg's燕麦片包装设计

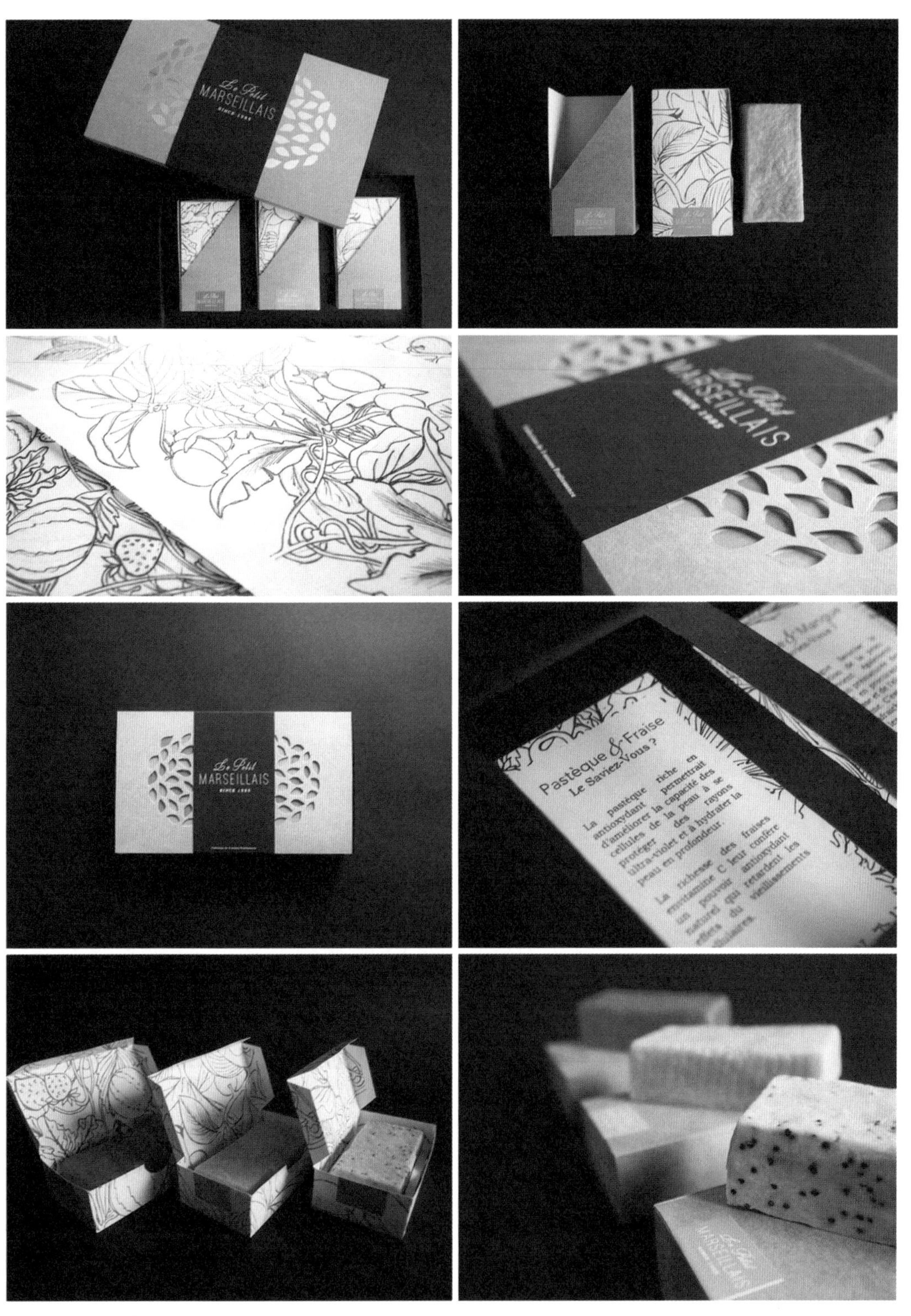

图6-69　Le Petit Marseillais香皂包装设计

图6-70　PIPOK爆米花包装设计

图6-71 ARCHER FARMS COFFEE咖啡包装设计

图6-72　COFFEE YOLL外卖包装设计

图6-73　GET RAW健康糖果包装设计

图6-74　KAUU HERBAL 花茶包装设计

图6-75 PIONEIRO调料包装设计

图6-76　SENCHA 花茶包装设计

图6-77　AUGA 蔬菜包装设计

图6–78　BODEGA LOS CEDROS酒包装设计　墨西哥

图6-79　GREECE食品包装设计

图6-80　HOLY SHEEP啤酒包装设计

图6-81　HUJ！食品包装设计

图6-82　KIWI MANUKA蜂胶糖包装设计

图6-83　LIBERTE乳制品包装设计

图6-84　LONDON PICKLE食品包装设计

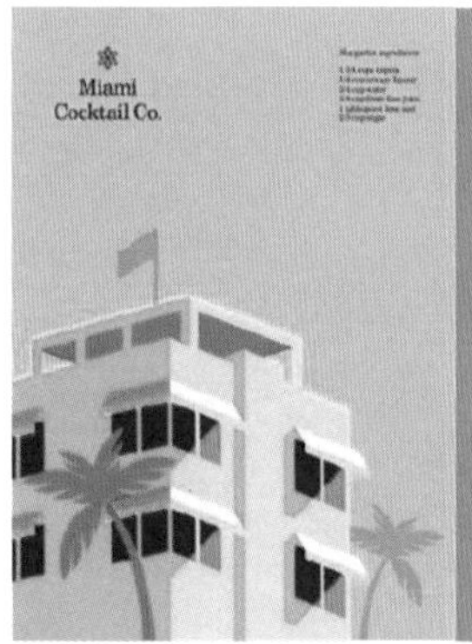

图6-85　MIAMI COCKTAIL Co汽水包装设计

图6-86 MILK UP牛奶包装设计

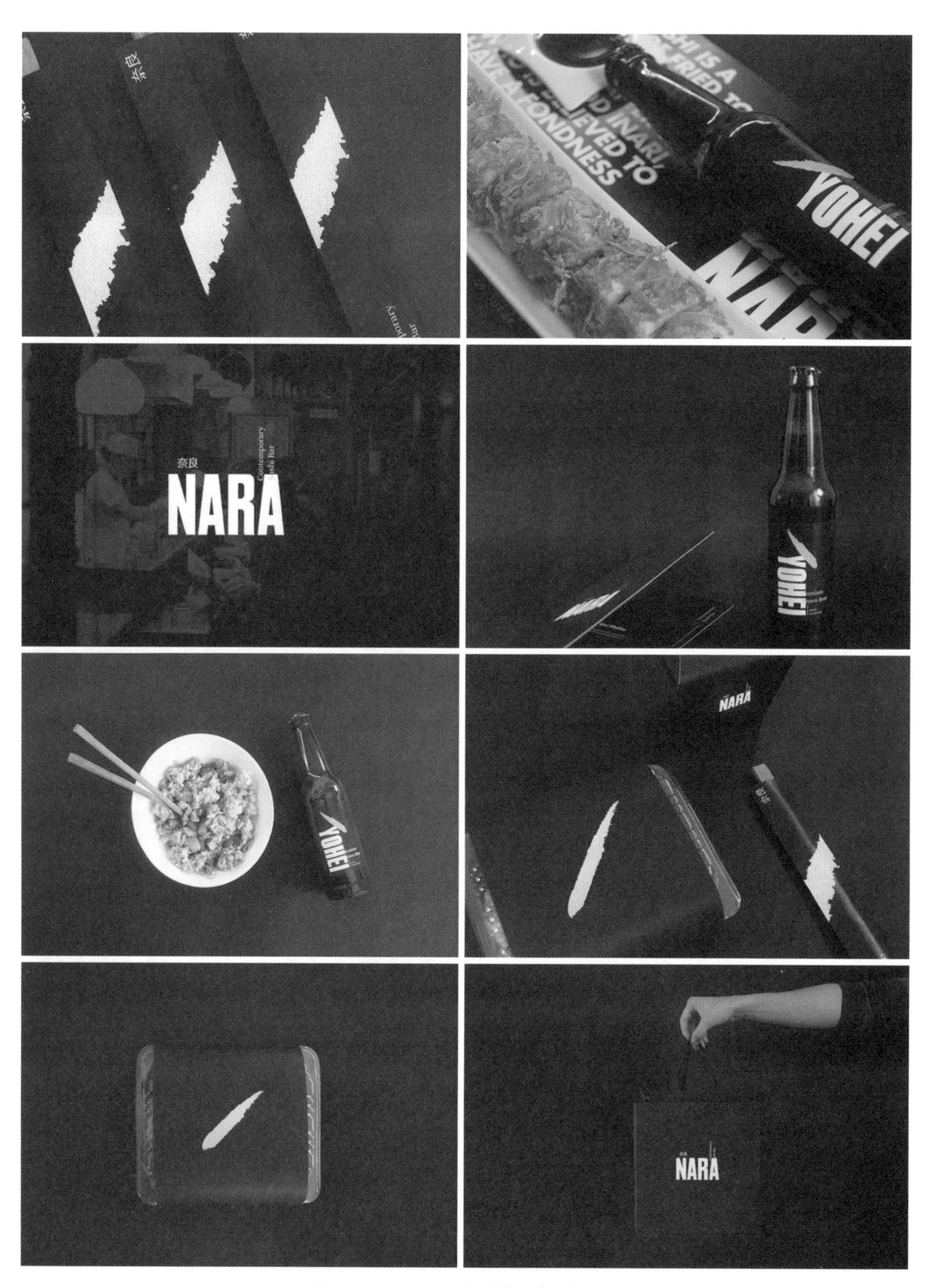

图6-87　NARA奈良餐厅包装设计

图6-88　PORONA化妆品包装设计

图6-89　SHAKE MY HEAD疯狂摇头奶昔包装设计

图6-90　TOKYO TEY寿司外卖包装设计

图6-90 TOKYO TEY寿司外卖包装设计（续）

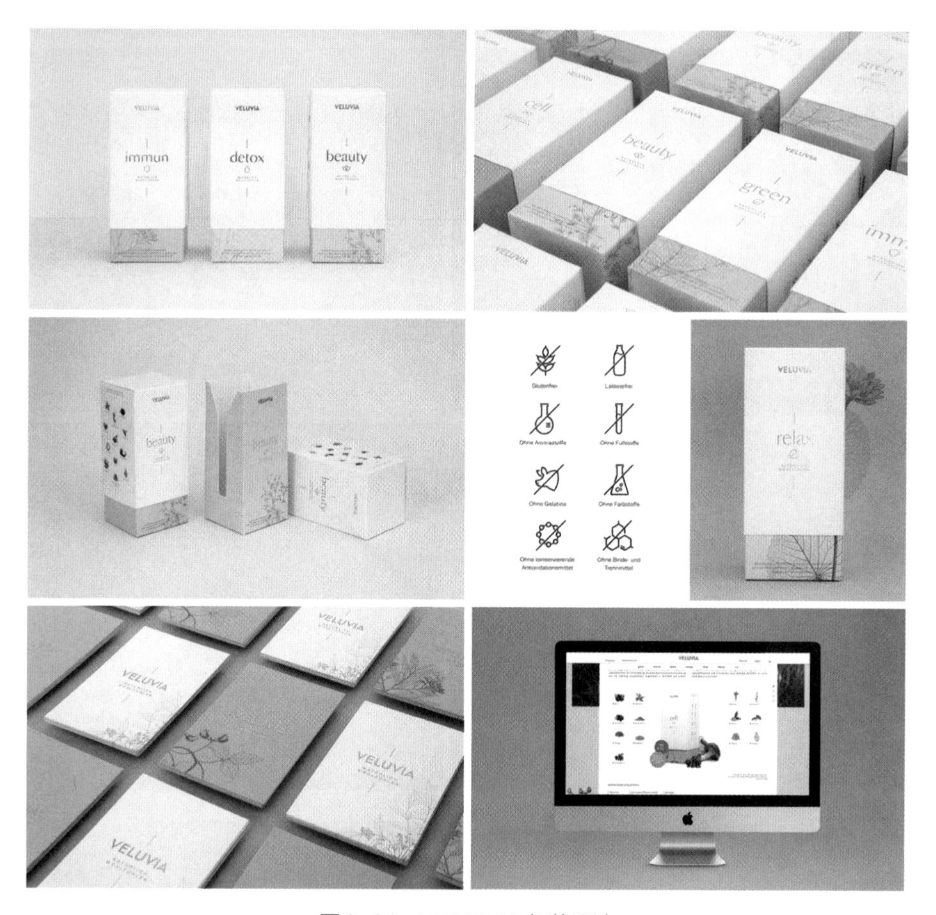

图6-91 VELUVIA包装设计

图6-92　俄罗斯CS电力公司灯泡包装设计 Angelina Pischikova

图6-93 MARZEN 啤酒包装设计

图6-94　CANTAIN BUONANNO酒包装设计

图6-95　YOU ROCK啤酒包装设计

图6-95 YOU ROCK啤酒包装设计（续）

图6-96 MILKO牛奶包装设计

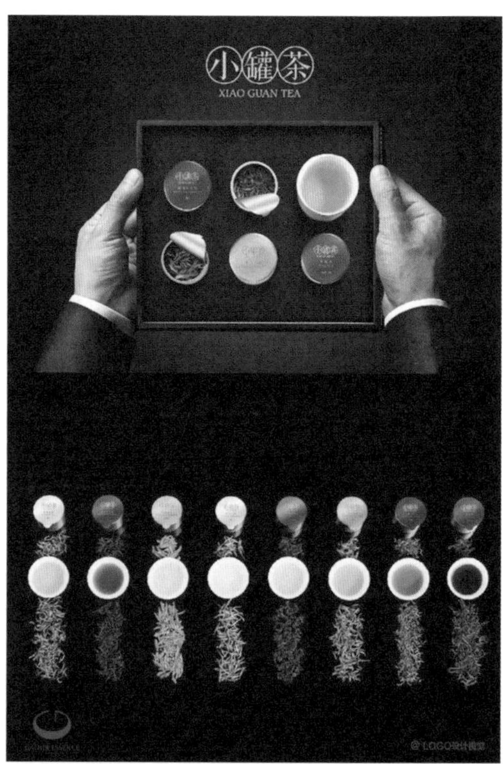

图6-97　小罐茶包装设计

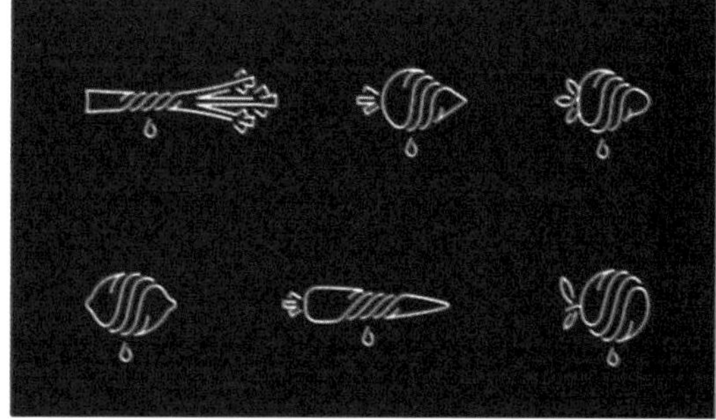

图6-98　BAZAKI果汁包装设计

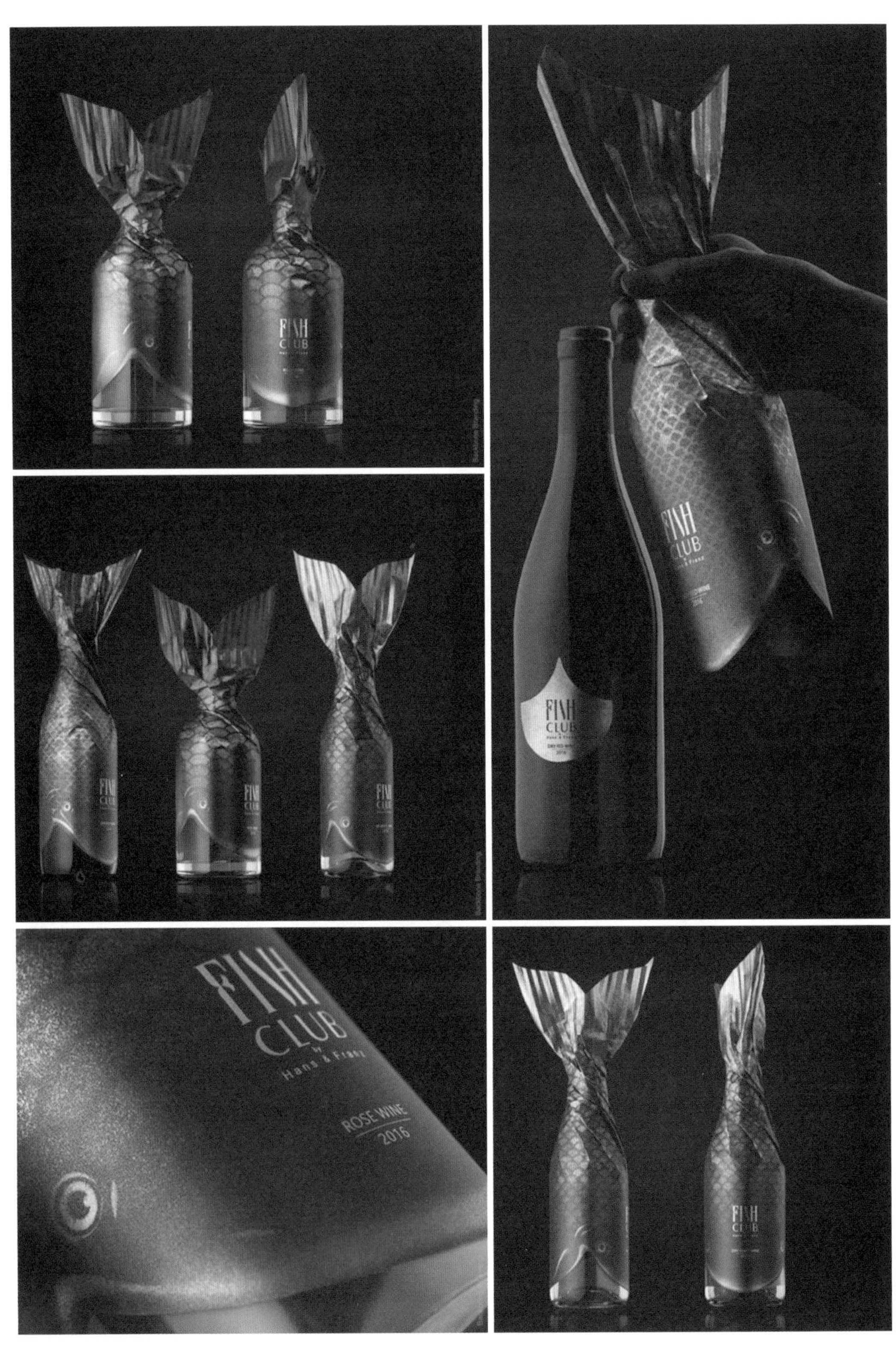

图6-99　Fish club wine酒包装设计

【包装礼盒设计篇】

图6-100　VERK手表包装设计

图6-101　EXOTIC COFFEE COLLECTION咖啡礼盒包装设计

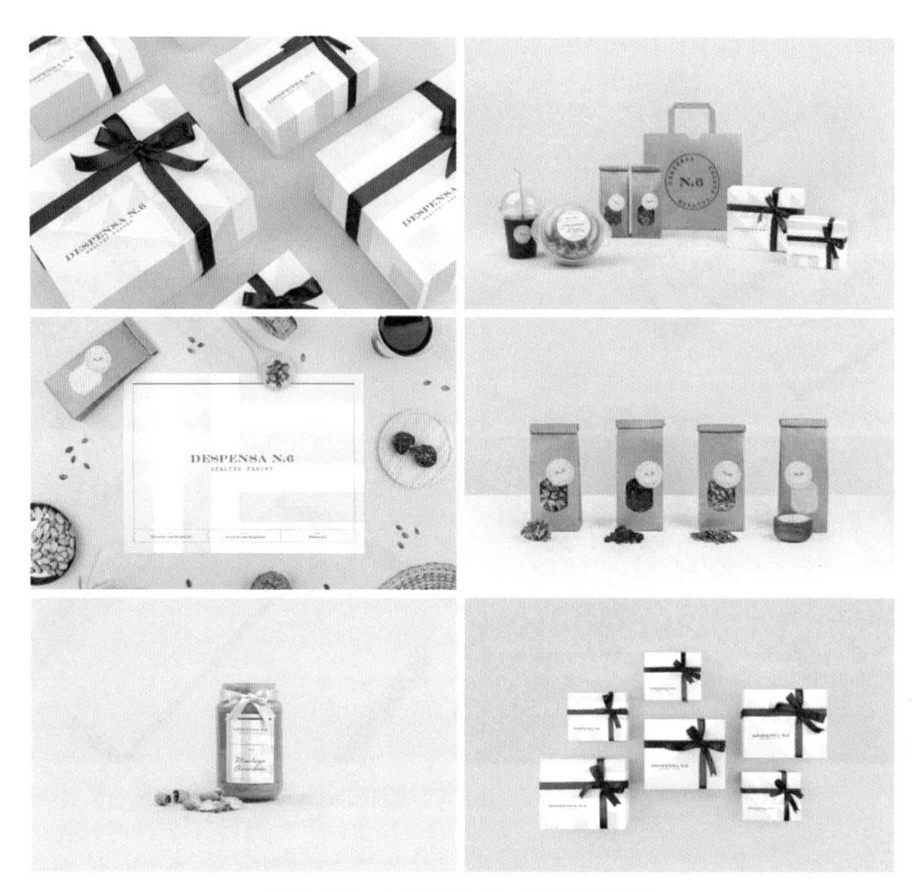

图6-102　DESPENSA餐厅包装设计

图6-103　PHILIPS&BAZAAR150周年纪念礼盒包装设计

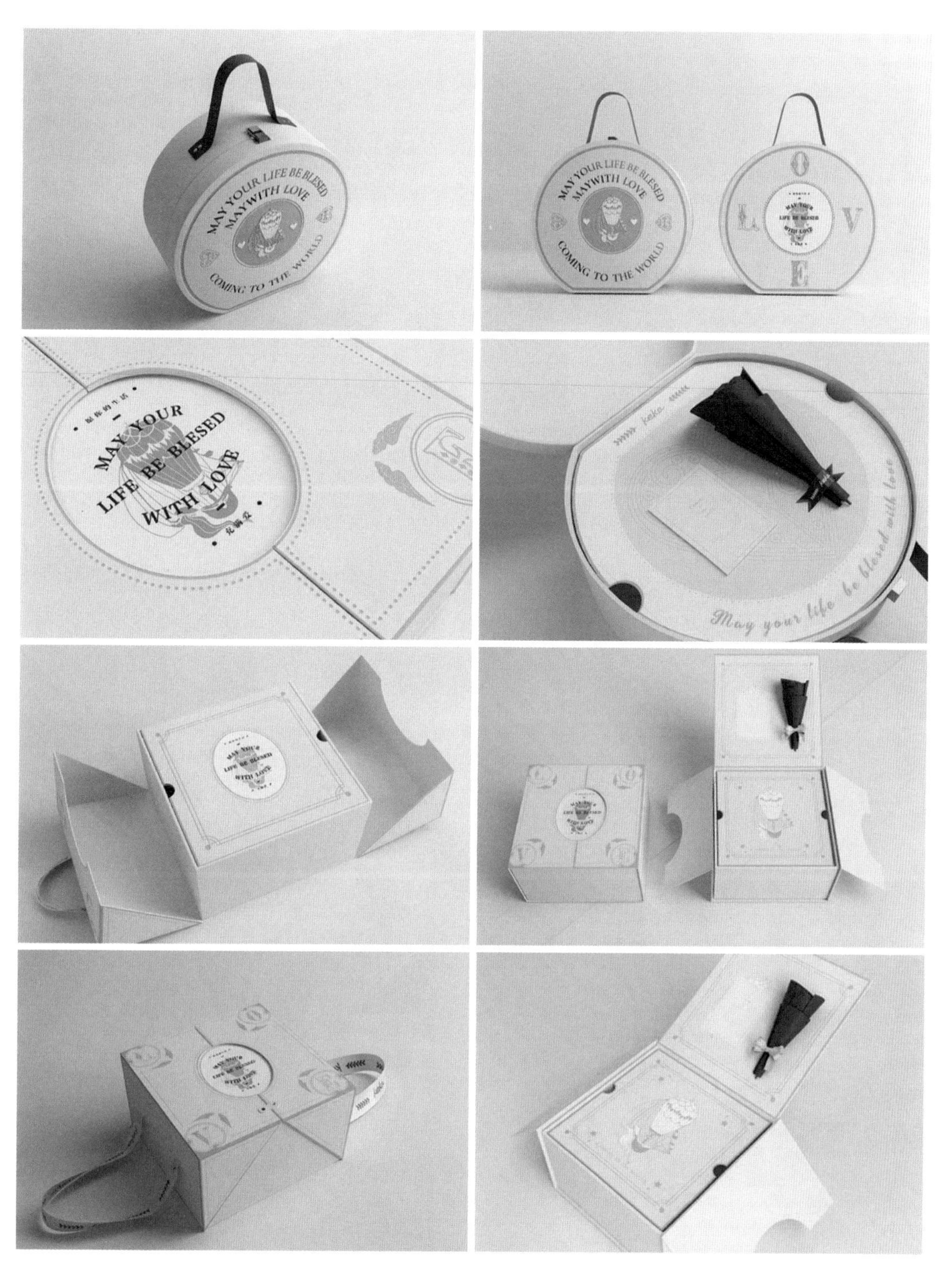

图6-104　KEKA零食礼盒包装设计

图6-105　T2 FIVE混合果茶礼盒包装设计

图6-106 APEX户外用品包装设计

图6-107　BABY FACE手工喜饼包装设计

图6-108 KNNOX打火机包装设计

图6-109　TRUE NORTH威士忌酒包装设计

图6-110　WAITEMATA HONEY CO. 护肤品包装设计

图6-111　BERLIN 柏林熊圣诞礼盒

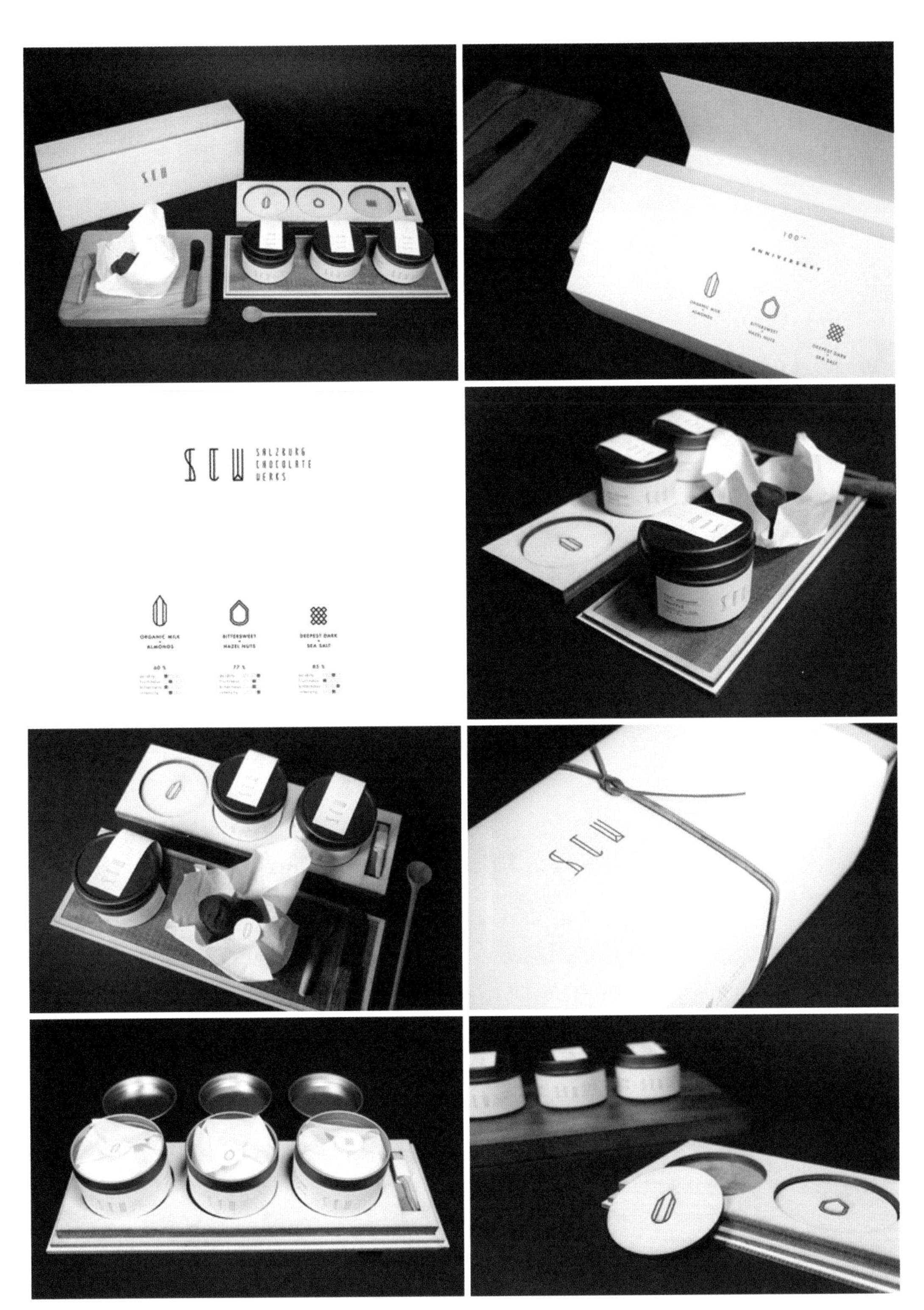

图6-112　SCW巧克力包装设计

图6-113 OLAY护肤品礼盒包装设计

图6-114 LAMY钢笔礼盒包装设计

图6-114　LAMY钢笔礼盒包装设计（续）

图6-115　PAPERMOOD巧克力礼盒包装设计

图6-115　PAPERMOOD巧克力礼盒包装设计（续）

图6-116　SHISEIDO PARLOUR情人节巧克力礼盒包装设计

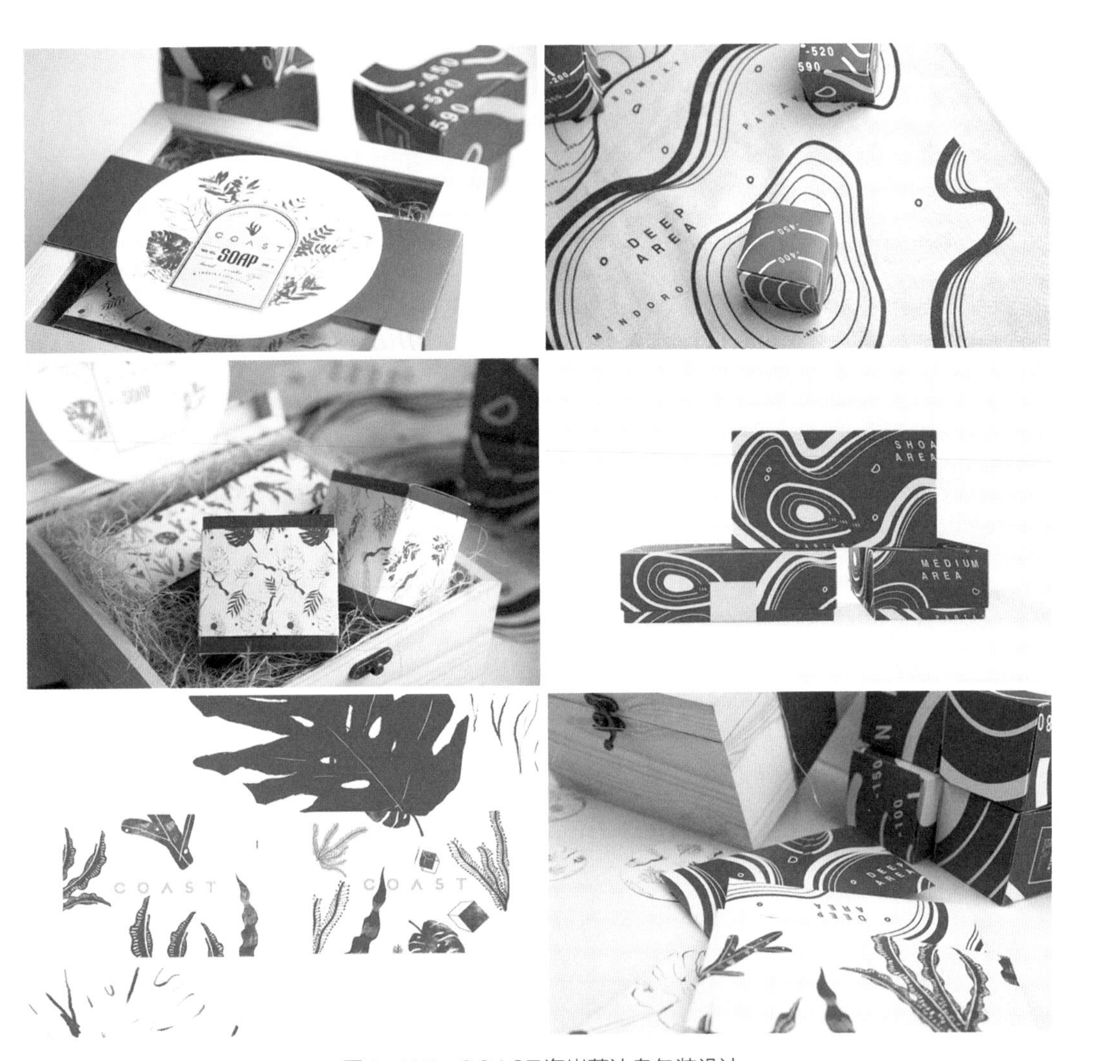

图6-117　COAST海岸藻油皂包装设计

参考文献

1. 图书文献

[1] 华表. 包装设计150年【M】. 长沙：湖南美术出版社，1999.

[2] 周建国. 包装设计【M】. 北京：龙门书局，2014.

[3] 王安霞. 包装设计与制作【M】. 北京：中国轻工业出版社，2015.

[4] 孔德扬，孔琰. 产品的包装与视觉设计【M】. 北京：中国轻工业出版社，2014.

[5] 赫里奥特. 包装设计圣经【M】. 北京：电子工业出版社，2012.

[6] 张小艺. 纸品包装设计教程【M】. 南昌：江西美术出版社，2005.

[7] 费舍尔. 创意纸品设计【M】. 上海：上海人民美术出版社，2003.

[8] 金旭东，欧阳慧. 包装设计【M】. 北京：中国青年出版社，2012.

[9] 怀本加，罗斯. 包装结构设计大全【M】. 上海：上海人民美术出版社，2017.

[10] 安布罗斯，哈里斯. 创造品牌的包装设计【M】. 北京：中国青年出版社，2012.

[11] 陈根. 决定成败的产品包装设计【M】. 北京：化学工业出版社，2017

[12] 山田纯也. 配色大原则【M】. 南京：江苏凤凰科学技术出版社，2017

[13] 张如画，欧阳慧，吴琼. 包装结构设计与制作【M】. 北京：中国青年出版社，2017.

2. 网络文献

[1] http://www.shijue.me/home 视觉中国

[2] http://www.cndesign.com/ 中国设计网

[3] http://www.sj33.cn/ 设计之家

[4] http://www.pkg.cn/ 中国包装设计网

[5] http://www.3visual3.com/ 三视觉

[6] http://dameigong.cn/ 大美工

[7] http://www.warting.com/ 设计帝国

[8] http://www.dolcn.com/ 设计在线

[9] http://www.visionunion.com/ 设计同盟

附录

《包装设计》课时安排：80 课时

章　　节	授课内容	实训项目	课时安排
第一章 包装设计概述	1. 包装设计的概念		4 课时
	2. 包装设计的历史进程与发展趋势		
	3. 包装设计的功能		
	4. 包装设计的分类		
	5. 包装的设计原则		
	6. 包装设计的印刷工艺		
第二章 包装容器造型设计与实训	1. 实训项目介绍	包装容器 造型设计	16 课时
	2. 包装容器造型的分类		
	3. 包装容器造型的设计思路		
	4. 设计案例分析		
	5. 实训步骤		
第三章 包装纸盒结构设计与实训	1. 实训项目介绍	包装纸盒设计	16 课时
	2. 纸包装的分类		
	3. 包装纸盒的样式		
	4. 设计案例分析		
	5. 实训步骤		
第四章 包装的视觉表现设计与实训	1. 实训项目介绍	包装视觉设计	16 课时
	2. 包装设计的视觉要素		
	3. 设计案例分析		
	4. 实训步骤		
第五章 包装综合设计与实训	1. 实训项目介绍	包装综合设计	28 课时
	2. 包装设计的思路定位		
	3. 包装礼盒的设计要求		
	4. 设计案例分析		
	5. 实训步骤		
第六章 包装设计欣赏	1. 包装容器设计篇		
	2. 包装结构设计篇		
	3. 系列包装设计篇		
	4. 包装礼盒设计篇